主廚法式料理在家做！

秋元 櫻

瑞昇文化

前言

「開胃小菜（Hors d'oeuvre）」，也會以「主菜入場（Entrée）」這個別名稱之，即「進入口」的意思，是妝點餐飲起始的重要菜餚。

這是坐在餐桌前的人，最先映入眼簾、放進口中的料理。亦堪稱是製造第一印象的入口餐點。

當第一道餐點越令人舒心，餐桌前各位一定也越容易展露燦爛笑顏。

身為廚師的我在這個前提下思考料理時重視的是……

以精緻華美的外觀，讓賓客內心雀躍期待。
以意想不到的組合，帶來驚喜與樂趣。
以容易親近又帶有刺激感的風味，延續用餐的欣喜感。

本書以 Morceau 店內深受多人喜愛的料理為主軸，介紹新設計的前菜、初次披露的餐飲菜單、深獲好評的甜點等。食譜的作法也已經調整為可以在家裡輕鬆製作的內容。

期望能透過料理，出現更多洋溢著「真好吃！」等驚嘆的笑顏。

肉料理

海鮮料理

蔬菜料理

番外篇

萬能醬料和沙拉醬

適合搭配肉料理的湯品

份量充足的麵粉製品

餐後美味甜點

本書的小提醒

- 1小匙為5ml，1大匙為15ml。
- 材料未仔細記載種類時，使用如下內容。
  砂糖 …… 細砂糖
  鹽 …… 自然鹽
  醬油 …… 濃醇醬油
  胡椒 …… 白胡椒或黑胡椒。可依個人喜好選用，但建議完成時的提味使用黑胡椒
  橄欖油 …… 特級初榨橄欖油
  鮮奶油 …… 乳脂肪含量38%的產品（用47%的產品代用時，可以4/5的份量作為鮮奶油、1/5作為牛奶混合，即可做出類似風味）
  雞蛋 …… M Size的產品
  水溶解的太白粉 …… 使用和太白粉等量的水溶解後的產品
- 平底鍋基本上使用氟樹脂加工的產品。烤箱使用已預熱的瓦斯烤箱（gas ovan stove），但因機種不同，所需溫度和加熱時間亦有異，請根據情形增減溫度和時間。「常溫」則以約25℃為標準。

萬能醬料和沙拉醬

首先，先介紹如何製作基本風味的醬料、沙拉醬、高湯、奶油。

醬料和沙拉醬，是用來淋在新鮮蔬菜上做成沙拉，或者在製作料理時加入一點，以帶出更深層的風味等。法式湯底和高湯也當然能做成濃湯或醬汁，如果在燉肉或煮魚時使用，則會有香醇的濃厚感。至於經常用在糕品或甜點上的奶油，也一樣是手工調製會更有獨特美味！

這些是能夠用簡約的材料做出來，甚至令人驚訝的是能用在各式料理上的醬料。任何一種都是本店多年來深受眾人喜愛的。以這些醬料為基礎，提供各位多種能在家中輕鬆製作的食譜。請不要想得太困難，放心地試著做做看吧！

Morceau特製香醋

讓Morceau超人氣的沙拉能美味上桌的秘訣，
就是這道醬汁。
是海鮮或肉類等前菜全都能使用的萬能醬料。

材料（容易製作的份量※）

沙拉油 —— 250ml
橄欖油 —— 250ml
A
紅酒醋 —— 70ml
芥末醬 —— 50g
鹽 —— 10g
胡椒 —— 少許
水 —— 50ml

※完成品約600ml。

作法

1. 將沙拉油和橄欖油充分混合。
2. 用打蛋器攪拌A，再一點一點加入1，攪拌到出現濃稠感為止。
3. 加水混合。

番茄和洋蔥的沙拉醬

番茄的酸味和洋蔥的甜味緊密調和的清爽風味。
和任何夏季蔬菜搭配都超級適合！

材料（容易製作的份量※）

A
- 沙拉油 —— 250ml
- 穀物醋 —— 100ml
- 洋蔥 —— 1/6個
- 胡蘿蔔（磨成泥）—— 1/2小匙
- 番茄醬 —— 20g

鹽、胡椒 —— 各少許

※完成品約400ml。

作法

1. 將A放進果汁機內攪拌。
2. 用鹽和胡椒調味。也可依個人喜好，再多放一些鹽（份量外）。

羅勒醬

散發出羅勒香氣的醬料。大膽省略了在材料上常用的起司，是適合搭配多種海鮮的醬料。

材料（容易製作的份量※）

羅勒 —— 60g
松子 —— 25g
大蒜 —— 3g
橄欖油 —— 200ml
鹽、胡椒 —— 各少許

※完成品約200ml。

作法

1. 將全部的材料都放進果汁機內攪拌（攪拌時間過長會使顏色不好看，請在均勻混合後立刻停止攪拌）。

家庭式高湯

在法國極為常見的家庭式湯底、高湯。最近市面上也有很不錯的現成市售品，但依然希望各位能試著自己做一次。您一定會因它的不同口感而感到驚訝！

材料（容易製作的份量※）

雞胸骨 —— 500g
雞翅 —— 500g
A
- 胡蘿蔔 —— 1根
- 西洋芹 —— ½根
- 長蔥 —— ½根
- 洋蔥 —— 1個

※完成品約1L。

作法

1. 雞胸骨用流水洗淨，有內臟相連，請將它取出。盡可能將雞胸骨和雞翅都適當地切成較大較厚的塊狀。
2. 在大鍋內放入1和A，再倒入大量的水，用大火燉煮。煮沸後，先仔細地舀出浮渣，再轉為小火，靜靜地燉煮約3小時。
3. 最後再用細網眼的篩網過濾。

本店只使用雞胸骨和蔬菜調製，但這裡為了讓製作簡便，介紹加入了雞翅的食譜。不必勉強切成較大較厚的塊狀，盡量嘗試即可。

在大鍋內放入全部的材料，取用燉煮後的湯汁。要不時地查看、調整火勢，避免長時間處於煮沸大滾的狀態，持續加熱是一大重點。

要是沒有時間熬煮，或是只需要使用少量，也可以考慮使用市售品。如果是顆粒狀的雞湯粉，只要用外包裝上標示的水量融解即可使用。

蛋奶餡（Crème pâtissière）

最常在甜點中使用的「甜點店風味奶油」。只要加入了萊姆酒（Rum）或君度橙酒（Cointreau），便能立刻搖身變為大人的風味。可以加在甜點中，也可以淋在水果上。

Guest Comment
不會太甜，這樣的甜度剛剛好。我非常喜歡！想盛上滿滿一碗這種奶油細細品嚐呢！（30多歲，國家公務員）

材料（容易製作的份量※）

牛奶 —— 500ml
香草莢 —— ¼根
A
- 蛋黃 —— 4個的量
- 砂糖 —— 100g

低筋麵粉 —— 42g

※完成品約600ml。

作法

1. 將A放進攪拌盆，用打蛋器充分混合攪拌至偏白色。
2. 將香草莢和牛奶放進鍋內開火燉煮（調整火勢，避免沸騰）。
3. 將過篩的低筋麵粉加進1裡，充分混合攪拌。
4. 將溫熱的2一點一點地加進3的攪拌盆內，充分混合攪拌。
5. 將4用細網眼的篩網過濾，再放回到裝有牛奶的鍋內。
6. 用耐熱鏟像刮攪鍋底般充分混合攪拌，並同時用中火加熱（注意不要燒焦）。
7. 開始冒出泡泡後，用打蛋器舀一下，只要能順暢地滴落下來就完成了。

肉料理

雞肉厚捲

這是在最後用菜刀切開的瞬間，會令人非常驚喜雀躍的料理。
它的製作很簡單，而且外觀看起來高雅華麗，還可以事前準備，是最適合派對的餐點。

材料（4人份）

雞腿肉 —— 2片
豬絞肉 —— 200g
洋蔥 —— 1/3個 切成碎末
胡蘿蔔 —— 1個 切成碎末
A
- 紅椒 —— 1/2個 切成5mm塊狀
- 杏鮑菇 —— 1根 切成5mm塊狀
- 蘑菇 —— 3個 切成5mm塊狀
- 洋香菜 切成碎末 —— 1大匙

黑橄欖 —— 4個 切成碎末
肉豆蔻 —— 少許
雞蛋 —— 1個
鹽、胡椒 —— 各少許
橄欖油、Morceau香醋（P.4）或個人喜好的調味醬※ —— 各適量
嫩葉、洋香菜（或西洋水芹菜等嫩芽籽苗）—— 各適量

※也可以使用混合了美乃滋1大匙、辣醬油1小匙、牛奶1小匙的醬料。

作法

1. 剝除雞腿肉的皮（雞腿皮取下備用）。攤開保鮮膜，將雞腿肉平鋪在上面，然後上方再用保鮮膜蓋住。用擀麵棍等敲打，使厚度均一。
2. 將橄欖油、大蒜、洋蔥放進平底鍋內拌炒。出現香味後加入A，再快速拌炒一下，然後用鹽和胡椒調味。移放到攪拌盆內，混入黑橄欖攪拌，然後放涼。
3. 將豬絞肉放進另一個攪拌盆內，用手充分揉捏。再加入肉豆蔻、雞蛋、步驟2的半成品，繼續揉捏。
4. 攤開保鮮膜，將取下的雞皮外側朝上，平鋪在保鮮膜上。然後上方再擺放雞腿肉，接著在靠近自己的前面和相對方向的後面預留相同的寬度，將3捲成棒狀擺放上去（保鮮膜不要跟著捲進去，從外側徹底包裹住即可）。
5. 用重疊2層的鋁箔紙包裹住4，將兩端捲起來固定。
6. 將5用蒸氣上揚的蒸鍋※蒸30分鐘。用牙籤戳一下，如果有透明的液體流出，就完成了。直接擺著放涼，再連同鋁箔紙一起放進冰箱充分冷卻（盡可能靜置一晚）。
7. 將6的鋁箔紙和保鮮膜剝除，切成容易食用的大小，和調味醬一起盛盤。可依個人喜好添加嫩葉，撒上切成碎末的洋香菜（或者將嫩芽籽苗切成容易食用的大小擺放在旁）。

※不使用蒸鍋時，可在鍋內放入充足的水和5，維持約60℃的水溫燉煮至完成（理想的完成品中心溫度為55～56℃）。用牙籤戳一下，如果有透明的液體流出，就完成了。直接擺著放涼，再連同鋁箔紙一起放進冰箱充分冷卻。接下來的步驟，同從步驟7開始的內容。

Guest Comment
口感豐富又充滿藝術性，是無法抗拒的美味佳餚。請一定要和親友們同享這道能帶來溫暖瞬間的感人料理。（50多歲，大學教授）

充分冷卻、完全凝固後才切開，是調理時的小秘訣。盡量一股作氣地一次往下切，會切得比較漂亮。

材料（內部尺寸17×8.4×6.5cm的凍塊模具※1個的量）

雞胸肉——½片
A［雞胸絞肉——300g
蛋白——1個的量
鹽、胡椒——各少許］
馬鈴薯（品種：May Queen）——4個
四季豆（長的）——10根
羅勒（乾燥的）——少許
B［美乃滋——2大匙
辣醬油——2滴
鮮奶油——少許］
洋香菜、胡椒（完成品用）——各適量

※用其他模具製作時，建議使用容量約600ml前後的產品。如果那時在製作上有材料剩下，可以用其他容器裝填凝固等調整。

作法

1. 將馬鈴薯和充足的水放進鍋內，加鹽（份量外※）煮一下。沸騰後放入四季豆。四季豆汆燙一下就立刻拿出來。馬鈴薯用竹籤戳一下，如果能順利穿透，就可以放在篩網上冷卻，然後把皮削掉，用叉子的背面搗碎。
2. 雞胸肉要剝皮，去掉筋，縱向切成4份。
3. 將A放進攪拌盆內，用手充分混合攪拌到出現黏稠感為止。然後加入羅勒繼續攪拌。
4. 在整個模具內側鋪上烘培紙，垂直擺放。首先，將少於½份量的3填放進模具裡，然後在左右中央處，垂直地擺放雞胸肉。兩側再排列四季豆（配合模具的大小，將部分四季豆一邊切段一邊放入，完成品會比較漂亮），然後外側再塞入馬鈴薯。將這個流程再重複做一遍，之後再將剩下的3大範圍地鋪在上面。
5. 用重疊3層的鋁箔紙從上方包裹住4的模具，放在較深的烤盤上（或是比模具大的耐熱容器）。在烤盤上注入熱水，用180℃的烤箱隔水烘烤約30分鐘（理想的完成品中心溫度為55℃）。
6. 從上方放上稍有重量的壓物石，直接擺著放涼，再連同模具一起放進冰箱充分冷卻（盡可能靜置一晚）。
7. 將6的模具和保鮮膜剝除，切成容易食用的大小，盛裝到容器內。混合B後淋上去，再依個人喜好，撒上切成碎末的洋香菜、胡椒。

※標準狀態是：1L的水使用2大匙的鹽。

充分冷卻讓形狀穩定是相當重要的。在家裡擺放壓物石時，可先將厚紙剪成模具內側的大小，再用保鮮膜徹底包裹後擺上厚紙，再放上罐頭等即可。

雞肉和馬鈴薯的凍肉塊

凍肉塊精緻美觀的完成品會讓人感到喜悅。想著完成品的模樣組裝食材，盡可能讓材料徹底密合，是製作重點喔！

香草和雞肉的Taboulé

從北非傳到法國的Couscous（庫斯庫斯），據說是世界最小的麵食，
巴黎女性也非常喜愛。可做成以薄荷的清涼感為亮點的沙拉。

材料（4人份）

雞胸肉 —— 1片

A
- 高湯（P.6）—— 500ml
- 鹽 —— 2小撮

B
- Couscous（庫斯庫斯）—— 60g
- 橄欖油 —— 2大匙
- 鹽 —— 2小撮

熱水 —— 40ml

C
- 小黃瓜 —— 1/2根 切成5mm塊狀
- 西洋芹 —— 1/2根 切成5mm塊狀
- 番茄 —— 1/2個 切成5mm塊狀
- 薄荷 —— 少許 大略切一下
- 義大利荷蘭芹 —— 1/2包 大略切一下

檸檬汁 —— 少許

Morceau香醋（P.4）或個人喜好的調味醬、橄欖油 —— 各適量

薄荷（完成品用）、胡椒 —— 各適量

作法

1. 將B放進攪拌盆內混合均勻。加入熱水再繼續混合，然後用保鮮膜包起來靜置15分鐘。用叉子將食材鬆開再放涼。
2. 雞胸肉較厚的部分用菜刀切開，讓整體的厚度均等。
3. 將2的肉放進鍋內，加入A小心地煮一下（鍋上依稀有熱氣上揚，須隨時調整火勢，燉煮約15分鐘，注意不要加熱到大滾沸騰）。浸在煮汁中直接放涼。
4. 將C加進1裡，再加入檸檬汁、調味醬混合。
5. 將4盛放到容器內，將3的肉切成薄片並擺放上去。淋上橄欖油，再依個人喜好裝飾薄荷、撒上胡椒，就完成了。

雞肝奶油凍

用牛奶去掉血色和腥味，讓不敢食用雞肝的人也能自在品嚐。除了食譜內提到的酒以外，也可以加入少許的波特酒（Vinho do Porto）或馬德拉酒（Vinho da Madeira），風味會更加正統。

材料（8人份）

雞肝——150g
牛奶——100ml
洋蔥——⅓個 切成碎末
大蒜——½個 切成碎末
黑橄欖——4個 切成3～4mm塊狀
白蘭地——2小匙
白葡萄酒——2小匙
橄欖油——1大匙
奶油——45g
鹽、胡椒——各適量
西洋水芹菜、棒狀長麵包、胡椒（完成品用）——各適量

Guest Comment
口感溫和卻又能清楚感覺到雞肝的風味，是不容錯過的傑作。這道餐點的平衡感和濃郁感，會讓人想搭配葡萄酒飲用，而且會一杯接著一杯。素材本身的高級感和大廚調理時的細心度，都讓這道餐點更添鮮美。（50多歲，建築設計師）

作法

1. 將奶油放回至常溫。
2. 雞肝去除血塊和筋，浸泡在牛奶裡約10～15分鐘（去掉血色和腥味）。用廚房紙巾充分吸拭掉水氣，輕輕撒一些鹽和胡椒。
3. 在平底鍋上加熱橄欖油，仔細地拌炒洋蔥和大蒜。出現薄焦色後放入2，充分拌炒到整體呈現白色。
4. 加入白蘭地和白葡萄酒，稍微燉煮一下。等酒精散去後，快速地拌炒一下，然後關火放涼。
5. 將4放進食物調理機（蔬果機）內攪拌。攪拌成泥狀後，一點一點地加入1的奶油，充分混合。
6. 移放到攪拌盆內，加入黑橄欖，再用鹽和胡椒調味。之後再倒進容器裡，連同容器一起輕輕地在台子上敲打幾下，排出裡面的空氣，讓表面呈現平整狀態。
7. 用保鮮膜完整貼合地覆蓋住表面，再放進冰箱冷卻。
8. 盛放到容器內。依個人喜好擺放西洋水芹菜、切成薄片的棒狀長麵包，再撒一些胡椒，就完成了。

Guest Comment
沒有新鮮蔬菜會無法生存。但是，我也仍然熱愛肉料理。這是一道能同時實現這兩大願望的大廚料理。是能讓人精神百倍的餐點。（30多歲，公認會計師）

潤澤晶透雞胸肉佐鮮彩香味蔬菜

香味蔬菜的魅力配上雞胸肉的溫和感，是不會對疲累的胃造成負擔的餐點。
是本店廣受喜愛的餐點，就連注重卡路里的侍酒師也非常喜愛這道料理。

材料（4人份）

雞胸肉——2片

A
- 高湯（P.6）——500ml
- 鹽——少許

B
- 西洋芹——¼根 切成細絲
- 胡蘿蔔——⅓根 切成細絲
- 茗荷——2個 切成細絲
- 小黃瓜——½根 切成細絲
- 紅椒、黃椒——各¼個 切成細絲
- 紫蘇——5片 切成細絲

Morceau香醋（P.4）或個人喜好的調味醬——適量

作法

1. 將雞胸肉放進鍋內，加入A小心地煮一下（鍋上依稀有熱氣上揚，須隨時調整火勢，燉煮約15分鐘，注意不要加熱到大滾沸騰）。浸在煮汁中直接放涼。
2. 將B浸泡在冰水中，使其口感清脆，然後把水分瀝乾，再用調味醬調和。
3. 待1的肉冷卻後，切成薄片並盛放到容器內，再擺上2，就完成了。

Morceau炸雞塊

Morceau偶爾也會提供炸雞塊。是辛辣口感，讓人想頻頻飲啤酒的風味。
雖然添加了各式各樣的辛香料，但其實都只是家庭料理中會派上用場的調味料而已。

材料（4人份）

雞腿肉 — 1片

A
- 大蒜 — ½個 切成碎末
- 生薑（磨成泥）— 1小匙
- 醬油 — 2大匙
- 酒 — 2大匙
- 芥末 — 1大匙
- 一味唐辛子 — 少許

B
- 胡荽片 — 1小撮
- 蒔蘿粒 — 1小撮
- 黑胡椒（顆粒）— 1小撮

太白粉、炸油、蒔蘿粒（完成品用）— 各適量

西洋水芹菜 — 適量

作法

1. 將雞腿肉切成一口的大小。
2. 將B裝進材質較厚的塑膠袋中，用擀麵棍等拍打，大略搗碎。
3. 將1的肉和A放進2裡揉捏，再靜置約30分鐘。
4. 在肉的表面撒上太白粉，用180℃的熱油油炸。
5. 盛放到容器內，撒上蒔蘿粒。再依個人喜好擺放西洋水芹菜，就完成了。

Guest Comment

蒔蘿的風味在鼻腔擴散開來，絕對是大膽的辛香料使用法！肉質鮮嫩多汁！也非常適合伴酒共享。這應該算是難得一見的炸雞塊吧。（30多歲，整骨院院長）

唐多里烤雞※的牙籤料理

可在賓客聚集時端上桌的牙籤料理。只要調味香料或香草發揮效用，就能搖身一變，成為宴請賓客的高級餐點。

材料（4人份）

雞腿肉 —— 1片
紅椒、黃椒
—— 各¼個 切成3cm塊狀
A
大蒜（磨成泥）—— 1小匙
生薑（磨成泥）—— 1大匙
優格（無糖）—— 3大匙
番茄醬 —— 1大匙
咖哩粉 —— 1大匙

鹽、胡椒 —— 各少許
橄欖油 —— 適量
嫩葉、咖哩粉
（完成品用）
—— 各適量

※唐多里烤雞：（Tandoori Chicken）。

作法

1. 在平底鍋上加熱橄欖油，拌炒紅椒和黃椒。撒一些鹽和胡椒調味後取出。
2. 雞腿肉切成偏小的一口的大小。
3. 將A裝進保鮮塑膠袋中混合，再放入2的肉揉捏，然後靜置約30分鐘。
4. 用平底鍋加熱橄欖油，先將3的雞皮側煎一下（容易煎焦，請多留意）。待雞皮側的皮孔略呈焦色，且側面的顏色約有6成轉變後，翻面將肉質側也煎一下。
5. 將4和1用專用叉穿刺成串，盛放到容器內，淋上橄欖油。依個人喜好擺放嫩葉、撒上咖哩粉即完成了。

雞肉拌炒羅勒佐黑橄欖的牙籤料理

使用和新鮮羅勒口感與香氣完全不同的乾燥羅勒，輕鬆做出獨特風味。
如果備有乾燥羅勒，可以在多種情形下派上用場喔！

和「唐多里烤雞的牙籤料理」（如上記）一起盛盤，會更加豪華！

材料（4人份）

雞腿肉 —— 1片
A
大蒜 —— ½片 切成碎末
橄欖油 —— 2大匙
檸檬汁 —— 1大匙
羅勒（乾燥的）—— 1小匙

黑橄欖（去內籽）—— 8個
鹽、胡椒 —— 各少許
橄欖油 —— 適量
嫩葉、胡椒（完成品用）
—— 各適量

作法

1. 在雞腿肉上撒鹽和胡椒。
2. 在平底鍋上加熱橄欖油，將雞腿肉的雞皮側朝下煎一下。上方擺放盤子等壓物石，邊調整火勢以避免燒焦，邊仔細煎煮。
3. 待雞皮側的皮孔略呈焦色，且側面的顏色也約有6成轉變後，便加入A，然後翻面將肉質側也煎一下。
4. 以專用叉將切成一口大小的3和黑橄欖穿刺成串，盛放到容器內。依個人喜好擺放嫩葉、撒上胡椒，就完成了。

Guest Comment
燻製風味的口感和帶有木桶香氣的葡萄酒最是契合！而且，甜美肉質和柑橘沙拉交織而成的和諧感，實在是令人難以抗拒的絕配。（40多歲，公司職員）

煙燻鴨肉佐柳橙沙拉

連市售的煙燻鴨肉都能在家裡輕鬆做出來！選一個閒暇的時間挑戰看看煙燻製法吧。意外地容易喔！本店連鯖魚和起司都有做成燻製風味。任何一種都相當適合搭配葡萄酒品嚐。

材料（4人份）

鴨胸肉 —— 1片

A
- 洋蔥 —— 1/4個 切成薄片
- 胡蘿蔔 —— 1/3根 切成薄片
- 西洋芹 —— 1/3根 切成薄片
- 月桂葉 —— 1片
- 橄欖油 —— 2大匙

黑醋 —— 350ml
柳橙 —— 1/2個
芝麻菜、西洋水芹菜、菊苣等個人喜好的葉菜、Morceau香醋（P.4）或個人喜好的調味醬 —— 各適量
洋香菜 —— 適量

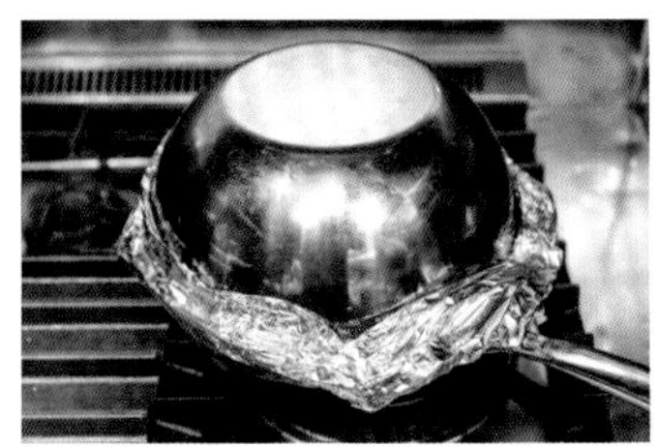

燻製時容易弄髒，可以運用平常不使用的手持式鍋具。為了避免燻煙四竄，一定要用鋁箔紙包裹住，這個步驟很重要。燻製芯片可以在戶外用品店（Outdoor Shop）、DIY系列生活工具用品店（Home Center）、100日圓商店等購買。

作法

1. 鴨胸肉先用菜刀在鴨皮側的皮孔面（脂肪面）上劃出格子紋，再裝進保鮮塑膠袋中。加入A靜置一晚。
2. 取出1的鴨胸肉，用廚房紙巾吸拭表面的水分。
3. 將2的鴨皮側的皮孔朝下放在平底鍋上。蓋上鍋蓋用小火燜煎約10分鐘，再拿開鍋蓋。一邊加熱，一邊用湯匙將平底鍋內的油淋在肉質面上。
4. 用鋁箔紙將3包裹起來，靜置約15分鐘。
5. 在煙燻用的鍋內鋪上鋁箔紙，擺放煙燻芯片，用中火加熱。
6. 將4的鴨皮側的皮孔朝下放在耐熱網上，再將它擺放在燻煙冒出的5的上面。蓋上鍋蓋，用小火加熱約5分鐘。
7. 將黑醋倒入鍋內，燉煮至出現濃稠感為止（做成醬汁）。
8. 柳橙去皮，連果實的薄皮也要剝除。葉菜類切成1～2cm的塊狀。用調味醬全部拌一下調味。
9. 將6切成容易食用的大小，連同8一起盛盤，再淋上7的醬汁。依個人喜好撒一些切成碎末的洋香菜，就完成了。

豬肉抹醬

小酒館料理中的經典料理。有許多不同的製作方式，這裡介紹一種簡單的方法。
盡量選擇比較好的肉製作。本店是很大氣地使用了沖繩的純種黑琉豬Agu。

材料（容易製作的份量※）

豬肩胛里肌肉 —— 400g
豬五花肉 —— 400g
A 洋蔥 —— ½個〔切成薄片〕
A 胡蘿蔔 —— ½根〔切成薄片〕
A 西洋芹 —— ½根〔切成薄片〕
大蒜 —— 2片
百里香 —— 1枝
月桂葉 —— 1片
橄欖油、鹽、胡椒 —— 各適量
棒狀長麵包、醋漬紅甘藍（P.73）、胡椒（完成品用）—— 各適量

※完成品約500ml。

作法

1. 豬肩胛里肌肉、豬五花肉切成約5cm的塊狀（沒有特定要什麼形狀，但大致切成同等形狀的偏大的塊狀）。輕輕撒一些鹽和胡椒。
2. 在鍋裡加熱橄欖油，將1煎成恰到好處的微焦狀。
3. 將大蒜和A加進2中，用木鏟混合攪拌，再倒入白葡萄酒。然後像從鍋底舀起般一邊混合攪拌一邊燉煮，讓酒精散去。
4. 在3中倒入大量的水，然後加入百里香和月桂葉。慢慢燉煮約2～3小時，再用竹籤戳一下肉，一直燉煮到肉質可被竹籤穿過般軟透為止。
5. 將肉取出，用研磨缽搗碎（或者放進食物調理機（蔬果機）內攪拌）。
6. 4要一直燉煮到煮汁只剩約100ml之後再放涼，然後一點一點地加入5混合攪拌。之後用鹽和胡椒調味，讓鍋底接觸冷水冷卻。
7. 盛放到容器內。再依個人喜好，擺放切成薄片的棒狀長麵包、醋漬紅甘藍，再撒一些胡椒，就完成了。

Guest Comment

口感滑順且高級，卻又同時完整保留了典雅的豬肉個性，只要吃上一口便會停不下來。肉類抹醬，是能夠展現出該店特色的重要小菜，我在這間店初嚐過這道菜後，胃和味蕾便被擄獲，深深愛上了這風味呢（笑）。（40多歲，室內裝潢師）

材料（4人份）

整塊豬腿肉 —— 400g

A
- 水 —— 300ml
- 鹽（粗鹽）—— 1 2/3大匙
- 砂糖 —— 2大匙
- 大蒜 —— 2片
- 百里香 —— 1枝
- 月桂葉 —— 1片
- 黑胡椒（顆粒）—— 6粒
- 紅辣椒 —— 1根

B
- 高湯（也可以用比P.6更稀薄的）—— 1L
- 鹽 —— 1小匙

C
- 美乃滋 —— 5大匙
- 續隨子（Capparis spinosa）—— 1小匙 切成碎末
- 白煮蛋 —— 1/2個的量 切成碎末

嫩葉、洋香菜、胡椒 —— 各適量

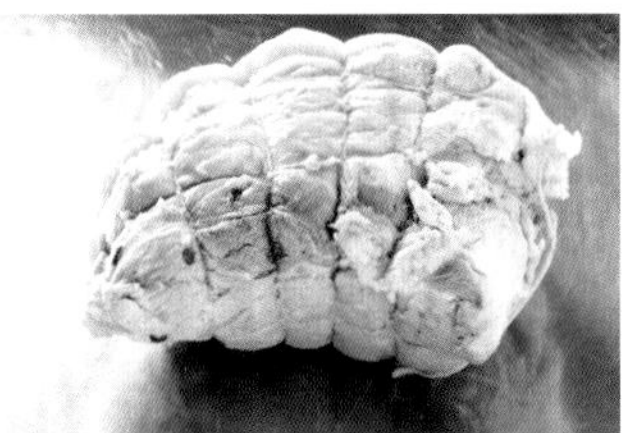
完成時的狀態會像照片這樣。事前用棉紗線徹底綁緊，能使受熱均一。

作法

1. 將整塊豬腿肉用竹籤戳幾個洞（為使之後浸漬的汁液容易滲入內部）。再用棉紗線綁起來。
2. 將A放進鍋內開火燉煮，沸騰後立刻關火放涼。
3. 將1和2裝進保鮮塑膠袋中，在冰箱內靜置一晚。
4. 將3放回至常溫（在調理的1個小時前從冰箱取出即可）。
5. 將B和4的肉放進鍋內，再倒入大量的水，慢慢燉煮（表面有薄薄的熱氣上揚，須隨時調整火勢，燉煮約30分鐘到1小時。理想的完成品中心溫度為60℃）。浸在煮汁中直接放涼。
6. 切成容易食用的大小，盛放到容器內。混合C之後擺放在旁。再依個人喜好擺放嫩葉、切成碎末的洋香菜，再撒一些胡椒，就完成了。

Guest Comment

衝擊感極大的白色生火腿。我是在這間店第一次品嚐到這種美味。它的口感與簡約外觀背道而馳，可品嚐到肉質深層的風味和甜味。當這道餐點寫在菜單上時，請務必點來一嚐！沒有寫在菜單上時，就只有遺憾了。（50多歲，自由業）

店家特製火腿　嫩白生火腿※

手作風味，請務必一嚐！可直接切成薄片，在早晨夾入吐司裡做成三明治。或是切成厚片煎煮，變成晚餐佳餚。是適合任何情境的出色餐點。

※嫩白生火腿：（Jambon blanc）。

Pâte de champagne

要不要試著做做看，小酒館料理中的經典——鄉間田園風肉餅麵團？
品嚐的時候，製作時所耗費的時間精神，都會加倍轉化成喜悅喔！
沾上滿滿的芥末一起放進嘴裡，更有身處巴黎之感～。

Guest Comment

我最喜歡Morceau的肉餅麵團（Pâte）了。肉質的堅韌滋味，以及鵝肝的高級口感，這種大膽又纖細的風格，是無論何時都想細細品嚐的一道佳餚。（30多歲，公司職員）

＊本店製作時使用的是鵝肝，但這裡為了讓各位能在家裡更容易製作，特地介紹使用雞肝的食譜。

材料（內部尺寸17×8.4×6.5cm的凍塊模具※1個的量）

- 豬五花肉的粗絞肉 —— 700g
- A
  - 蛋白 —— 1個的量
  - 鹽、胡椒 —— 各少許
- 雞肝 —— 100g
- 奶油 —— 10g
- B
  - 洋蔥 —— 1/4個 切成碎末
  - 大蒜 —— 1片 切成碎末
  - 生薑 —— 1/5個 切成碎末
- C
  - 白葡萄酒 —— 2大匙
  - 白蘭地 —— 1大匙
  - 波特酒 —— 1大匙
  - 鹽 —— 1/2小匙
  - 胡椒 —— 1/2小匙
  - 肉豆蔻 —— 少許
  - 丁香 —— 少許
- 月桂葉 —— 3片
- 芥末、小黃瓜醬菜、洋香菜、胡椒（完成品用）—— 各適量

※用其他模具製作時，建議使用容量約600ml前後的產品。如果那時在製作上有材料剩下，可以用其他容器裝填凝固等調整。

作法

1. 雞肝用水清洗後，切成一口的大小再浸泡到冷水裡。水色變混濁就重新換成乾淨的水，反覆幾次以去除血色和腥味。之後，用廚房紙巾充分吸拭掉水氣。
2. 將C放進攪拌盆內混合。
3. 用平底鍋加熱奶油拌炒1，直到出現薄焦色。然後放入B，充分拌炒到出現香氣後取出，一起放進2的攪拌盆內混合。
4. 將豬五花肉的粗絞肉放進另一個攪拌盆內，加入A充分混合攪拌。
5. 混合3和4。用手輕輕搗碎雞肝，並充分混合攪拌到整體入味為止。用保鮮膜包裹起來，放進冰箱靜置一晚。
6. 在模具內塗抹奶油（份量外），緊密地放入5，並避免空氣摻入，在上方擺放月桂葉。
7. 用重疊3層的鋁箔紙從上方包裹住6的模具，放在較深的烤盤上（或是比模具大的耐熱容器）。在烤盤上注入熱水，用180℃的烤箱隔水烘烤約30～40分鐘（理想的完成品中心溫度為55℃）。
8. 烘烤完成後，立刻放上稍有重量的壓物石，直接擺著放涼，再連同模具一起放進冰箱靜置一晚。
9. 切成容易食用的大小，盛裝到容器內。再依個人喜好擺放芥末、小黃瓜醬菜，再撒一些切成碎末的洋香菜、胡椒，就完成了。

波特酒（Vinho do Porto）具有獨特的甜味和濃郁感，是酒精濃度偏高的葡萄酒。它也被稱為「Port Wine」，經常用來作為餐前酒或餐後酒，或是作為調製肉料理的醬汁，以及在煮汁調味等情形時使用。製作肉餅麵團時，建議使用紅寶石波特酒（Ruby Porto）。

奇異果和奶油乳酪的生火腿包

酸甜的奶油和美味滿分的生火腿超契合！
如果放了鳳梨或香蕉等水果，小孩子也會很喜悅喔。

材料（4人份）

生火腿 — 4片
奇異果 — ½個
奶油乳酪 — 80g
牛奶 — 50ml
A 檸檬汁 — 少許
A 鹽、胡椒 — 各少許
茴香芹 — 適量

作法

1. 奇異果削皮，果肉切成3～4mm的塊狀。奶油乳酪放回至常溫。牛奶輕輕加熱備用（不要加熱到沸騰）。
2. 將奶油乳酪、牛奶、A放進攪拌盆內混合，再加入奇異果。
3. 用生火腿包裹住2，再依個人喜好裝飾茴香芹，就完成了。

生火腿和白蘿蔔的開胃冷盤

生火腿的美味搭配西洋水芹菜的苦味，滋味絕妙。
其實，這道餐點的靈感，是來自我母親經常製作的小菜。

材料（4人份）

生火腿 — 4片
白蘿蔔 — ¼根
西洋水芹菜 — ½束
萊姆汁（如果沒有，可用檸檬汁代替）— 少許
Morceau香醋（P.4）
或個人喜好的調味醬 — 適量

作法

1. 白蘿蔔以蘿蔔桂剝※切法，做成極薄的長板狀，再浸泡在鹽水（份量外※）中。
2. 攤開生火腿，疊上1的白蘿蔔，再擺放西洋水芹菜。淋上萊姆汁，再將食材都捲起來。
3. 盛放到容器內，再依個人喜好淋上調味醬，就完成了。

※蘿蔔桂剝（かつらむき）是一種蔬菜的切法。是將切成輪狀的蘿蔔和黃瓜像削皮一樣切成長薄狀。
※標準狀態是：500ml的水使用1大匙的鹽。

鮮蝦和生火腿的豔彩開胃冷盤

可以享受到蔬菜的鮮豔色彩和鮮蝦口感的開胃冷盤。
外型華麗美觀，是品嚐時會充滿樂趣的一道餐點。

材料（4人份）

生火腿 — 4片
鮮蝦（老虎蝦）— 4尾
A ｛水 — 400ml
白葡萄酒 — 4大匙｝
蘆筍 — 4根
小黃瓜 — ½根
柳橙 — ¼個

醬汁

番茄 — ½個
西洋芹 — ⅓根
小黃瓜 — ¼根
B ｛柳橙汁 — 2大匙
橄欖油 — 1大匙
白酒醋 — 1小匙
芥末粒 — ½小匙
鹽 — 少許｝

作法

1. 鮮蝦去殼後，取出背上腸泥。將A放進鍋內開火，沸騰後再加入鮮蝦。鮮蝦的顏色變紅後就關火、放涼。
2. 將鍋內充足的熱水加熱沸騰後加入鹽（份量外※1），汆燙削好皮的蘆筍。再切成4等分（只使用蘆筍的頂端部位）。
3. 小黃瓜用刨刀等縱向切成薄片，再浸泡在鹽水（份量外※2）中，讓食材充分泡軟。
4. 柳橙要連果肉的薄皮也一併削掉，再切成4等分。
5. 製作醬汁。將番茄、西洋芹、小黃瓜切成5mm的塊狀。再將這些食材和B混合。
6. 將生火腿和3的小黃瓜疊放在一起，再將2的蘆筍和1的鮮蝦捲在其中，最後擺放4的柳橙。盛放到容器內，淋上5的醬汁，就完成了。

※1 標準狀態是：1L的熱水使用2大匙的鹽。
※2 標準狀態是：500ml的水使用1小匙的鹽。

只要和其他使用生火腿的開胃冷盤（P.20）一同盛盤，就能成為超高滿足感的一道美味佳餚！

烘烤牛肉

只要有一個搪瓷鍋或不鏽鋼鍋等能夠確實密封鍋蓋的鍋具，
就能輕鬆做出烘烤牛肉。也能用同一個鍋具製作醬汁。
完成品和製作時的輕鬆度完全相反，是足以作為派對主角的特色餐點。

材料（4人份）

整塊牛腿肉 —— 500g
A
- 胡蘿蔔 —— 1/2根 切成薄片
- 洋蔥 —— 1個 切成薄片
- 西洋芹 —— 1/2根 切成薄片
- 大蒜 —— 1片 切成薄片

月桂葉 —— 1片
紅葡萄酒 —— 200ml
高湯（P.6）—— 200ml
玉米澱粉（玉米粉）—— 1大匙
奶油 —— 1大匙
沙拉油 —— 計2大匙
鹽、胡椒 —— 各適量
西洋水芹菜、胡椒（完成品用）—— 各適量

作法

1. 將整塊牛腿肉放回至常溫（在調理的1個小時前從冰箱取出即可）。輕輕撒一些鹽和胡椒。
2. 將奶油和1大匙沙拉油放進鍋內加熱，煎一下步驟1的肉。待肉的下面略呈焦色後，翻面煎另一面，讓整體呈現微焦色，再將肉取出。
3. 再將1大匙沙拉油加進鍋內拌炒A。出現香味後放入月桂葉。然後將2的肉放回到它的上面，蓋上鍋蓋，用小火燜煮20分鐘。
4. 在肉的中心處插入鐵籤子，只要加熱到接近人體肌膚的溫度即可關火（最理想的完成品中心溫度為58℃）。
5. 從鍋內取出肉，用鋁箔紙包好，靜置約20分鐘（鍋具則維持著不動）。
6. 將紅葡萄酒倒進同一個鍋具內，用耐熱鏟像刮攪鍋底般充分混合、燉煮。當煮汁只剩約1/2量的時候，加入高湯，用中火繼續燉煮5分鐘。用細網眼的篩網過濾後放回鍋內，繼續加熱。用鹽和胡椒調味，再加入用1大匙水融解的玉米澱粉勾芡。
7. 將5切成容易食用的大小，盛放到容器內，再淋上6的醬汁。依個人喜好擺放西洋水芹菜，再撒一些胡椒，就完成了。

Arrange

用烘烤牛肉製作塔塔牛排

這道餐點通常是使用高級的上等牛里肌肉或馬肉製作的
歐洲傳統料理。烘烤牛肉薄片，輕鬆做出美味餐點！

材料（4人份）

烘烤牛肉薄片 —— 100～150g
蛋黃 —— 2個的量
A
- 洋蔥 切成碎末 —— 2大匙
- 小黃瓜醬菜 切成碎末 —— 2大匙
- 洋香菜 切成碎末 —— 2大匙
- 續隨子 切成碎末 —— 2大匙
- 檸檬汁 —— 少許
- 番茄醬 —— 1大匙
- 芥末 —— 2大匙
- 辣醬油 —— 少許
- 塔巴斯科辣椒醬 —— 少許

茴香芹 —— 適量

作法

1. 將烘烤的牛肉薄片切成碎末（盡量切細，之後調味會比較容易入味）。
2. 將A的材料全部混合。
3. 將2一點一點地加進1裡混合（在中途嚐一下味道，如果已經是喜好的味道，可以不用繼續加入2。不需要將全部的量加進去）。
4. 盛放到容器內，上面擺放蛋黃。依個人喜好裝飾茴香芹，就完成了。

沙朗牛排佐洋蔥醬

牛排是小酒館料理中的經典菜色，是法國人的家鄉風味料理（soul food）。通常會添加薯條，豪放地盛盤，不過這次嘗試切成一口大小，做成開胃餐點。可以調製能誘發食慾的醬汁。

Guest Comment

主廚的牛排實在非常出色 !! 將肉的潛力發揮至極限地火力調整。明明如此質樸單純，為什麼會這麼好吃呢 !?（30多歲，IT工程師）

材料（2人份）

沙朗牛肉 —— 150g
沙拉油 —— 1大匙
奶油 —— 1大匙
鹽、胡椒 —— 各少許
西洋水芹菜、胡椒（完成品用）—— 各適量

洋蔥醬※

A
- 洋蔥［切成碎末］—— 4大匙（約½個的量）
- 大蒜［切成碎末］—— 少許

B
- 白葡萄酒 —— 4大匙
- 醬油 —— 4大匙
- 白酒醋 —— 1大匙
- 砂糖 —— 2小匙

※容易製作的份量。份量只有約4人份，因此如果有剩餘，不妨淋在其他燒肉、生菜、豆腐上，也會非常好吃。

作法

1. 製作洋蔥醬。將B放進鍋內開火，待砂糖溶解後加入A稍微燉煮一下（盡可能試一下味道，達到個人喜好的甜度就關火）。
2. 將沙朗牛肉整個均勻地撒上鹽和胡椒。
3. 用平底鍋（可以的話，使用鐵製厚底的）加熱沙拉油和奶油，待奶油變為褐色後放入肉煎一下。不需要翻動，讓朝下的面充分煎出微焦色，再翻面快速煎一下。切成一口大小。
4. 將1的洋蔥醬和3的牛排一起盛放到容器內。依個人喜好擺放西洋水芹菜，再撒一些胡椒，就完成了。

酪梨醬

醬油帶出特色。食用前再現做，能讓顏色更美觀。

材料（4人份）

酪梨 —— 1個
奶油乳酪 —— 50g
A
- 醬油 —— 4大匙
- 檸檬汁 —— 1大匙
- 融解的奶油※ —— 3大匙

牛奶 —— 適量

※奶油必須先隔水加熱或用微波爐加熱融解。

作法

1. 用叉子的背面搗碎酪梨的果肉。
2. 將1放回至常溫的奶油乳酪、A混合。混合至柔軟濃稠的狀態後，再一點一點地加入牛乳攪拌、混合。

黑醋醬

帶有濃郁感和酸味以及淡淡的甜味是適合肉類搭配的醬汁。

材料（4人份）

A
- 黑醋 —— 3大匙
- 紅葡萄酒 —— 3大匙
- 醬油 —— 1大匙
- 味醂 —— 1大匙

砂糖 —— 1大匙
水 —— 1大匙
奶油 —— 1大匙

作法

1. 混合A。
2. 在鍋裡放入砂糖和水，如同製作焦糖般一邊移動鍋子一邊燉煮。出現微焦色後（偏好甜味重的人，煮到清澈明亮的色澤即可；偏好成熟風味且略帶苦味的人，則煮到較濃色澤），一口氣加入1並小心注意1的液體飛濺。然後加入奶油就完成了。

芥末醬

在法國經常用來搭配肉類且含有芥末顆粒的醬汁。可調整成日本人喜好的口味。

材料（4人份）

芥末粒 —— 1大匙
醬油 —— 1大匙
蜂蜜 —— 1小匙
白葡萄酒 —— 1小匙
橄欖油 —— 2大匙

作法

1. 混合全部材料即可。

紅酒醬

難以調出平衡感的紅酒醬，用燉煮的方式會比較容易調製。

材料（4人份）

紅葡萄酒 —— 100ml
A
- 醬油 —— 2大匙
- 砂糖 —— 1小匙
- 大蒜（磨成泥）—— 少許
- 奶油 —— 1大匙

作法

1. 鍋內倒入紅葡萄酒，燉煮至剩下$\frac{1}{2}$的量為止。
2. 加入A，沸騰後關火。

藍紋乳酪醬

肉類和藍紋乳酪的口感很搭。佐葡萄酒食用似乎能增進食慾。

材料（4人份）

藍紋乳酪（Blue Cheese）—— 20g
鮮奶油 —— 50ml
火蔥（Shallot）※ —— 1大匙 切成碎末
白葡萄酒 —— 2大匙
橄欖油、鹽 —— 各適量

※沒有時，可用洋蔥代替。

作法

1. 用平底鍋加熱橄欖油，拌炒火蔥。
2. 拌炒至變軟後加入白葡萄酒，煮沸讓酒精散去，再加入藍紋乳酪和鮮奶油。出現濃稠感後，用鹽調味就完成了。

冬瓜四季豆冷湯

連外觀都涼爽無比的四季豆湯品。非常適合在炎熱的夏季品嚐。
我非常喜愛冷湯而試著做了許多樣，這一道是其中非常喜愛的。

材料（4人份）

四季豆 —— 200g
冬瓜 —— 1/8個
洋蔥 —— 1/4個 切成薄片
奶油 —— 60g
高湯（P.6）—— 300ml
牛奶 —— 80ml
鹽 —— 適量
四季豆（完成品用）、鮮奶油、橄欖油、洋香菜 —— 各適量

作法

1. 用平底鍋加熱奶油，拌炒洋蔥。洋蔥變軟後加入四季豆拌炒，然後放入高湯用中火燉煮約10分鐘。接著直接放涼。
2. 將1放進果汁機內攪拌，再重新放回鍋內，然後倒入牛奶。再煮沸一次，用鹽調味後放涼。之後再放進冰箱冷卻。
3. 冬瓜削皮，切成容易食用的大小。將冬瓜、高湯（份量外）、少許的鹽一起放進鍋內，燉煮到變軟後放涼。之後再放進冰箱冷卻。
4. 2冷卻後注入到容器內，再將3擺在上面。依個人喜好讓汆燙過並切成容易食用的大小的四季豆浮在湯內，淋上鮮奶油和橄欖油，再撒一些洋香菜碎末，就完成了。

烤玉米的法式濃湯

玉米是許多人非常喜愛的蔬菜。確實烘烤出明顯的焦色，
便能用暗藏味道的醬油帶出香氣，增添美味。是令人懷念的風味。
＊※本店會在上面盛放拌炒過的鵝肝醬再提供給顧客。

材料（4人份）

玉米罐頭 —— 1/2罐
奶油 —— 1/2大匙
A 鮮奶油 —— 200ml
A 牛奶 —— 75ml
B 鹽 —— 少許
B 砂糖 —— 1/2大匙
B 醬油 —— 少許
鮮奶油（完成品用）、玉米（新鮮的）、奶油（完成品用）、洋香菜 —— 各適量

作法

1. 在鍋裡加熱奶油，待褐色泡沫頻頻冒出後，加入去掉水氣的罐頭玉米。充分拌炒到玉米表面呈現褐色為止（玉米可能會在中途綻開，可以蓋上鍋蓋）。
2. 將A一口氣全加進去，然後加入B再煮沸一次後關火。冷卻後，放進果汁機攪拌。依個人喜好重新加熱。
3. 注入到容器內，依個人喜好淋上鮮奶油，再將逆切成薄片的玉米用加熱奶油的平底鍋煎一下後浮放在湯內，最後撒一些洋香菜碎末，就完成了。

海鮮料理

店家自製的鮪魚填壓料理

實際上非常容易製作的金槍魚料理。純手工製作，應當比想像中更美味才是。
只要浸漬在橄欖油內，就能以冷藏保存3～4天。
因此也相當適合用來招待宴客。請一定要親自試試喔！

材料（4人份）

鮪魚 — 200g

A
- 橄欖油 — 100ml
- 高湯（P.6） — 200ml
- 大蒜 — 1片
- 鹽、胡椒 — 各少許
- 迷迭香（或百里香） — 1枝

黃椒 — 2個
番茄 — 2個
鹽 — 1小撮
沙拉用嫩葉（Mache）、嫩葉（Baby Leaf）、蒔蘿等葉菜或香草 — 各適量

作法

1. 在鮪魚上撒鹽，靜置30分鐘。用水洗淨表面，再用廚房紙巾擦拭水分。
2. 將A放進鍋內，加入1的鮪魚，用小火燉煮約10分鐘。用叉子的背面分散鮪魚。
3. 用竹籤在黃椒上戳幾個洞，再用180℃的烤箱烘烤約40分鐘。黃椒變軟後取出，並大略切一下。
4. 番茄切成4mm的薄片。
5. 將3的黃椒、4的番茄、2的鮪魚、3的黃椒依序填塞進烘焙模型（參照左下方的照片）內（直徑7cm的烘焙模型可做出4個）。
6. 取下烘焙模型盛放到容器內。依個人喜好擺放蒔蘿、葉菜或香草，就完成了。

烘焙模型可以用耐高溫的陶瓷烤碗等圓柱形的容器替代（會稍微難以取出，可以事先鋪一層保鮮膜輔助）。任何一種的大小都可以依個人喜好挑選，但最好選擇比番茄稍微小一圈的尺寸。如此一來，可將切成薄片的番茄壓切填塞，能使完成品更漂亮。

保存鮪魚時，在還沒將魚肉分散之前，必須連同煮汁一起移放到容器內，再放進冰箱即可。如果有多餘的水分滲出，必須將水分清除掉，更換橄欖油即可常保美味。

Guest Comment
塔塔風味有這種口感還真是第一次呢！不但好吃，而且非常有趣！能感受到店家對口感的挑戰精神。（40多歲，公司職員）

鮪魚酪梨的香酥塔塔風味春捲

法國有一種名為Pâte Brick的薄麵皮。它的酥脆口感相當有趣，可做成類似春捲般的薄麵皮。搭配柔軟的塔塔醬，美味滿分！

材料（4人份）

鮪魚（生魚片用的紅肉）── 70g
酪梨（成熟的）── 1個
番茄 ── ½個
A
美乃滋 ── 3大匙
辣醬油 ── 少許
塔巴斯科辣椒醬 ── 少許
續隨子（Capparis spinosa）切成碎末 ── 1小匙
春捲皮 ── 4片
橄欖油 ── 適量
春捲皮（完成品用）、蔥芽 ── 各適量

要做成杯子形狀時，只要把春捲皮蓋在稍小的耐熱容器上，就能輕鬆完成（塗抹了橄欖油的那一面朝下）。維持這個狀態直接烘烤就不會塌下來。

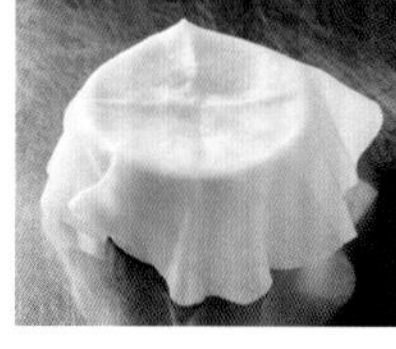

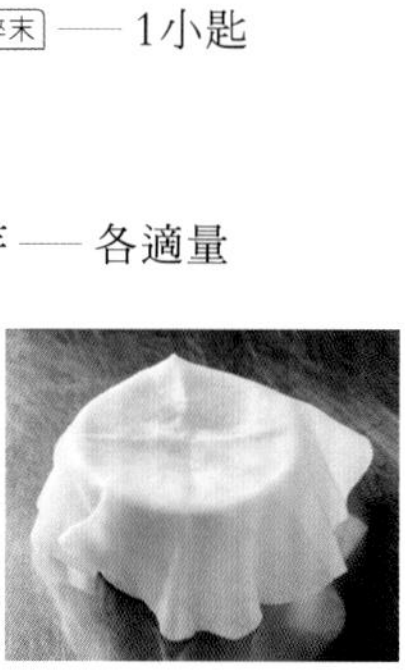

作法

1. 在春捲皮上薄薄塗一層橄欖油，再做出杯子的形狀（參照左下圖），然後用180℃的烤箱或烤麵包機烘烤到出現微焦色。
2. 酪梨的果肉切成1cm塊狀。番茄、鮪魚也切成同樣大小。
3. 將2和A放進攪拌盆內，用手充分混合讓食材入味。
4. 將3盛放到步驟1做好的容器內。依個人喜好插上切成容易食用大小的香煎春捲皮，再裝飾切成容易食用長度的蔥芽，就完成了。

烘烤鮪魚

大量使用刺激性食材和溫和的椰奶。
成品極具份量，如果在派對上端出這道料理，應當能擄獲眾男士的心。

材料（4人份）

鮪魚（生魚片用的紅肉塊）—— 200g
椰奶（也可用牛奶代替）—— 50ml
麵包粉 —— 25g
百里香 —— 1枝 去掉莖
黑橄欖 —— 4個 切成碎末
A
- 鯷魚（醬）—— 1小匙
- 大蒜（磨成泥）—— 少許
- 美乃滋 —— 1小匙

鹽、胡椒 —— 各少許
洋香菜 —— 適量

作法

1. 鮪魚撒上鹽和胡椒，浸泡在椰奶中約30分鐘。
2. 用廚房紙巾吸拭掉1的汁氣，再將A混合塗抹在上面，然後擺上黑橄欖。
3. 接下來擺上麵包粉和百里香。用250℃的烤箱或烤麵包機烘烤約10分鐘，待麵包粉出現微焦色。
4. 切成容易食用的大小，並盛放到容器內。依個人喜好擺上切碎的洋香菜，就完成了。

煙燻鮭魚佐小黃瓜內餡

這道餐點非常適合在眾人聚集時用來招待賓客。不僅外觀華麗，咬上一口還能感受到小黃瓜的清脆口感，更是一大趣味。藉著不同的裝飾方法，使氣氛瞬間轉變，是可以展現出多樣化造型的佳餚。

材料（4人份）

煙燻鮭魚 —— 8片
洋蔥 —— 1/4個 [切成薄片]

A
- 小黃瓜 —— 1根 [切成5mm塊狀]
- 番茄 —— 1/2個 [切成5mm塊狀]
- 蒔蘿 —— 1枝 [切成細絲]
- 續隨子（Capparis spinosa）[切成碎末] —— 1小匙

Morceau香醋（P.4）或個人喜好的調味醬 —— 各適量
西洋水芹菜等嫩芽籽苗、蒔蘿、蘿蔔纓 —— 各適量

作法

1. 洋蔥先浸泡在冰水中，確認過清脆感後瀝掉水氣。用厚質地的廚房紙巾包裹起來，再次吸拭掉水分。
2. 將1和A放進攪拌盆內，用調味醬調味。
3. 將煙燻鮭魚做成杯子狀（參照下圖），再將2填塞其中。
4. 盛放到容器內，上方依個人喜好放入嫩芽籽苗或蒔蘿，旁邊再擺一些蘿蔔纓，就完成了。

杯子狀的煙燻鮭魚，做成底部的部分要捲得稍微小一點，可以按壓在烤盤或餐盤上做出形狀。

煙燻鮭魚佐西洋水芹菜

鮭魚搭配帶有苦味或酸味的食材，同樣能襯托出鮮美風味。使用西洋水芹菜、蘋果、優格，做出清爽的開胃小菜。

材料（4人份）

煙燻鮭魚 —— 300g
蘋果 —— ½個
西洋水芹菜 —— 1束
A
Morceau香醋（P.4）或個人喜好的調味醬 —— 3大匙
優格（無糖）—— 2大匙
檸檬汁 —— 1小匙
鮮奶油 —— 1大匙
洋香菜 —— 適量

作法

1. 將A混合均勻。
2. 蘋果切成條狀。和西洋水芹菜一起沾裹1的醬汁。
3. 將煙燻鮭魚盛放到容器內，擺上2。依個人喜好撒上切成碎末的洋香菜，就完成了。

煨煮鮭魚

想要既大膽又豪邁地大啖鮭魚時，這是您的最佳選項！用油煮過後，快速地煎一下表面，也美味無比喔。

Guest Comment
新鮮的海產是Morceau的真正實力。其中，潤澤晶透、鮮嫩柔軟的鮭魚，更是令人難以抗拒呢！（40多歲，活動公司職員）

材料（4人份）

鮭魚（生魚片用魚塊）—— 300g
A
迷迭香 —— 1枝
大蒜 —— 1片
鮮奶油 —— 80ml
B
檸檬汁 —— 1大匙
火蔥※ 切成碎末 —— 2大匙
續隨子（Capparis spinosa）切成碎末 —— 1大匙
洋香菜 切成碎末 —— 少許
鹽、胡椒 —— 各少許
橄欖油 —— 適量
蒔蘿、洋香菜、鹽（完成品用）、胡椒（完成品用）—— 各適量

※沒有時，可用洋蔥代替。

作法

1. 將鮭魚、橄欖油（份量必須能覆蓋過鮭魚）放進鍋內，加入A，一邊旋轉攪動一邊燉煮（不要煮到沸騰，維持約60℃的程度，約10分鐘）。
2. 將鮮奶油打至6分發泡，和B混合，再用鹽和胡椒調味。
3. 將1切成容易食用的大小，盛放到容器內。擺上2，再淋上橄欖油。依個人喜好擺放蒔蘿，再撒上切成碎末的洋香菜、鹽、胡椒，就完成了。

鰤魚搭配西洋梨的開胃小菜

在法國，經常會在料理中使用水果。這道餐點，正是脂肪肥美的鰤魚搭配西洋梨的有趣組合。只要淋上醬汁，便能立即完成一道法式風味的開胃餐點。

材料（4人份）

鰤魚（生魚片用）—— 100g
西洋梨 —— ½個
菊苣 —— ½個
Morceau香醋（P.4）
　或個人喜好的調味醬 —— 少許
A ┌ 檸檬汁 —— 1大匙
　│ 芥末粒 —— 2大匙
　└ 橄欖油 —— 2大匙
韭菜（沒有時，可用蔥芽代替）—— 適量

作法

1. 鰤魚切成薄片。西洋梨切成彎月形的梳子狀。
2. 菊苣的葉片一片片剝掉，浸泡在冰水中，使其口感清脆後把水分瀝乾，再用調味醬調和。
3. 混合A的食材。
4. 將鰤魚和西洋梨盛放到容器內，擺上2，再淋上3。接著將已經切成容易食用的長度的韭菜裝飾在旁邊，就完成了。

石鱸魚搭配馬鈴薯的煸炒料理

我還清楚地記得這道料理在調理師學校登場時有多麼令我吃驚。
雖然是經典的傳統料理手法，卻是如此可愛又美味。能感受到法國人的天分。

材料（4人份）

石鱸魚（魚片）—— 4片
馬鈴薯 —— 1個
水溶解的太白粉 —— 少許
奶油（無鹽）—— 15g
西洋水芹菜 —— 適量

鯷魚醬汁

A
- 鯷魚（魚片）—— 2片
- 奶油（無鹽）—— 35g
- 水 —— 1大匙

檸檬汁 —— 少許
鹽、胡椒 —— 各少許

作法

1. 馬鈴薯先切成直徑約3cm的圓柱形，再用切片機切成薄片（或者將馬鈴薯切成薄片後再用小的圓形模具按壓出圓形）。
2. 用廚房紙巾將石鱸魚表面的水分吸拭掉，在魚皮側的皮孔上薄薄塗抹一層水融解的太白粉。
3. 將1的馬鈴薯鋪在2的魚皮面上（做出類似魚鱗的模樣）。
4. 用平底鍋加熱1/2量的奶油，將3的馬鈴薯的面朝下放進平底鍋內，再直接以小火煎約5分鐘（注意勿讓馬鈴薯燒焦）。
5. 製作鯷魚醬汁。將A放進鍋內，用耐熱鏟弄碎鯷魚般邊混合邊加熱。再用檸檬汁、鹽和胡椒調味。
6. 待4的馬鈴薯出現微焦色後，加入剩下的奶油，讓香味入味。接著快速地翻面，繼續煎另一側。
7. 盛放到容器內，淋上5的醬汁。依個人喜好擺放西洋水芹菜，就完成了。

Guest Comment
無論是外觀還是口感都非常出色！令人有一種正在觀賞古名畫的感覺。帶有一份懷古情緒，卻又夾雜著某種新穎感。
（40多歲，大學職員）

Arrange

橄欖醬

代表南法國的醬汁。無論是加蓋燜烤（poêlé）或是生肉薄片的冷盤（Carpaccio）都適合，是一大珍寶。

材料（4人份）

黑橄欖（去籽）── 20個
鯷魚（魚片）── 1片
羅勒（乾燥的）── 1小撮
橄欖油 ── 25g
鮪魚 ── 15g
鹽、胡椒 ── 各少許

作法

1. 將全部的材料放進果汁機或食物調理機（蔬果機）內攪拌。依個人喜好，一點一點地加入橄欖油（份量外），調製成稀薄一點的也可以。

香草醬

以清爽香氣誘人食慾的醬汁。
組合各種喜好的香草也相當有趣。

材料（4人份）

蒔蘿 ── 5g
羅勒 ── 5g
義大利荷蘭芹 ── 5g
火蔥 ── ½個
橄欖油 ── 計30ml

作法

1. 將蒔蘿、羅勒、義大利荷蘭芹、火蔥通通攤開在沾板上，稍微淋上一些橄欖油，再一起切成碎末。然後和剩下的橄欖油一起混合。

鯛魚燜烤料理　佐乾燥番茄的醬料

用平底鍋煎煮的燜烤料理，是法式風味的煎魚。以小火仔細煎煮魚皮側是一大重點。煎煮方式不同，便會成為不同的料理。
有許多醬料都適合搭配這道餐點，請依當天的心情挑選醬料吧。

材料（4人份）

鯛魚——4塊切片
鹽——少許
橄欖油——適量
百里香——適量

乾燥番茄的醬料

番茄——4個
鹽——$\frac{1}{2}$小匙
砂糖——$\frac{1}{2}$小匙
橄欖油——1大匙
黑橄欖——3個（切成碎末）

作法

1. 製作乾燥番茄的醬料。番茄切成彎月形的梳子狀，在耐熱烤盤上放置耐熱網，再將切好的番茄擺放在上面，均勻地撒上鹽和砂糖。淋上橄欖油，用100℃的烤箱烘烤約2小時（必須要在中途查看狀況、調整溫度，以免烤焦）。加入黑橄欖，用叉子的背面搗碎，調整成喜好的濃度，做成醬料。
2. 將鹽均勻地撒在鯛魚上。
3. 用平底鍋加熱橄欖油（輕輕晃動平底鍋，讓橄欖油分散為薄薄一層），以中火從魚皮側煎燒。用鍋鏟從上方按壓住，讓翹起的魚皮呈現平坦。煎出筆直固定的狀態後轉為小火繼續仔細地煎。
4. 輕輕晃動平底鍋，把皮煎出酥脆感。
5. 開始煎經過約5分鐘，待魚皮側7分熟後便翻面。然後關火，直接放著（魚肉側用餘溫加熱）。
6. 將5盛放到容器內，淋上1的醬料。依個人喜好裝飾百里香，就完成了。

Guest Comment

其實，我第一次嚐到法式技法的鮮魚料理就是在Morceau。它的口感，在某種程度上與熟悉海鮮料理的日本人的想像截然不同。表面酥脆，中間多汁。這種衝擊感前所未有。從那時起，我每到店裡都眷戀著鮮魚料理而嚷嚷著「燜烤！燜烤！」呢。（30多歲，格鬥家）

大蒜醬

大蒜隱約的甘甜味與濃郁感非常適合魚料理。
細細燉煮、去除腥臭味是美味的秘訣。

材料（4人份）

大蒜——8片
奶油——1大匙
鹽、胡椒——各少許
牛奶——適量

作法

1. 將大蒜的芯（芽）取出。放進鍋內，加入充足的水燉煮。
2. 沸騰後，先倒掉熱水，再重新加水燉煮。再次沸騰後，一樣先倒掉熱水，再重新加入充足的水燉煮。第三次沸騰後轉為小火，將大蒜煮到柔軟為止。
3. 將大蒜放在篩網上瀝掉水氣。放回空鍋內，加入大量的牛奶，用耐熱鏟邊弄碎大蒜邊混合，做成黏糊狀。
4. 用平底鍋加熱奶油，加入3的醬汁，再用鹽和胡椒調味。

Guest Comment
如果詢問主廚：「法國也有糖漬鯖魚對吧？」，主廚會回答：「類別不拘，本店能為您製作您想品嚐的風味」。不過，這道餐點完全是道地的西洋料理呢!!（50多歲，建築施工管理技師）

糖漬鯖魚　佐番茄和水梨的醬料

我自孩提時期便非常喜愛鯖魚壽司，在店裡也經常端出用醋浸漬過的鯖魚料理。
同時利用水梨的口感，做出清爽的風味。

材料（4人份）

鯖魚（生食用）—— 1尾 三片刀法

A
- 鹽 —— 2小匙
- 砂糖 —— 1小匙

B
- 白酒醋 —— 200ml
- 大蒜 —— 2片 搗碎
- 紅辣椒 —— 1根

水果番茄 —— 2個
水梨 —— ½個
蒔蘿 —— 1枝
大蒜 —— 1片
橄欖油 —— 2大匙
鹽 —— 適量
沙拉用嫩葉（Mache）等的葉菜、茴香芹 —— 各適量

作法

1. 混合A，撒在鯖魚的表面，靜置約2小時。
2. 將B放進鍋內開火，沸騰後關火放涼。
3. 將2移放到烤盤上，直接浸漬1的鯖魚（不用清洗）。靜置8分鐘後翻面再浸漬8分鐘。
4. 水果番茄和水梨皆切成5mm的塊狀，蒔蘿和大蒜則切成碎末。
5. 將4放進攪拌盆內，加入橄欖油混合，再用鹽調味。
6. 將3切成容易食用的大小後盛放到容器內，淋上5的醬料。依個人喜好裝飾葉菜和茴香芹，就完成了。

糖漬鯖魚　佐庫斯庫斯※

鯖魚是很容易腐爛的食材，但因物流發展之便，總能順利取得鮮度佳的產品。因此，不是為了延長保存期，而是為了能維持口感和香氣，我會將鯖魚浸漬在帶有酸味的醬汁裡。

材料（4人份）

- 鯖魚（生食用）—— 1尾 三片刀法
- A
  - 橄欖油 —— 4大匙
  - 檸檬汁 —— 2大匙
  - 胡椒 —— 少許
- 庫斯庫斯（couscous）—— 80g
- B
  - 橄欖油 —— 1大匙
  - 鹽 —— 1小匙
- 熱水 —— 50ml
- 紅椒 —— ½個
- 小黃瓜 —— ½根
- 羅勒 —— 3片
- C
  - 橄欖油 —— 2大匙
  - 鹽、胡椒 —— 各少許
  - Morceau香醋（P.4）或個人喜好的調味醬 —— 少許
- 茴香芹、洋香菜 —— 各適量

作法

1. 將鹽（份量外）輕撒在整個鯖魚的表面上，放進冰箱靜置約2小時。然後浸漬在混合好的A裡約1小時。
2. 將庫斯庫斯※放進攪拌盆內，加入B混合。然後倒入熱水再繼續混合後，用保鮮膜包起來靜置15分鐘。接著再用叉子弄散，放涼。
3. 紅椒、小黃瓜、羅勒皆切成碎末，加入到2的庫斯庫斯裡整個混合均勻，再加入C調味。
4. 將3盛放到容器內，將1切成容易食用的大小後擺放在上。依個人喜好裝飾茴香芹和切成碎末的洋香菜，就完成了。

※庫斯庫斯（Couscous）：亦稱北非小米飯，是一種細緻麥粉的再製品。

竹莢魚佐柳橙的千層料理

帶光澤的魚類和柑橘類的水果非常契合，能夠襯托出彼此的美味。
在醬料中加入核桃可以增加香氣。

材料（4人份）

竹莢魚（生食用的日本竹筴魚）
—— 4尾 三片刀法
柳橙 —— 1個
番茄 —— ½個
小黃瓜 —— ½根
核桃 —— 30g
義大利荷蘭芹 —— 1枝
鹽 —— 少許
Morceau香醋（P.4）
或個人喜好的調味醬 —— 適量
韭菜 —— 適量

作法

1. 鯖魚上撒鹽，靜置約1小時。然後用水洗淨，並用廚房紙巾吸拭水分，再浸漬到調味醬裡約10分鐘。用手輕拉住皮，在皮和肉之間用菜刀切開（拉住皮）。
2. 柳橙要連薄皮也都剝掉，再切成薄片。
3. 番茄、小黃瓜、核桃、義大利荷蘭芹皆切成細小碎末，再用調味醬調味（做成醬料）。
4. 將1切成容易食用的大小，和2疊放並一起盛放到容器內。在旁邊擺放3的醬料，再依個人喜好裝飾切成5mm～1cm長度的韭菜，就完成了。

竹莢魚的油炸醃魚料理

所謂的日本南蠻醃漬物。是非常適合炎熱夏季品嚐的料理。
可將小竹莢魚連同魚骨一起油炸，也可以將大竹莢魚用三片切法處理再油炸。

材料（4人份）

- 竹莢魚（偏小的）── 250g
- 洋蔥 ── ½個
- 西洋芹 ── ⅓根
- 胡蘿蔔 ── ½根
- A
  - 橄欖油 ── 2大匙
  - 大蒜 ── 1片
  - 紅辣椒 ── 1根
- 白酒醋 ── 50ml
- 橄欖油 ── 100ml
- B
  - 砂糖 ── 1大匙
  - 羅勒（乾燥的）── 1小撮
  - 鹽、胡椒 ── 各少許
- 鹽、胡椒、低筋麵粉、炸油 ── 各適量
- 洋香菜 ── 適量

作法

1. 去除竹莢魚的魚頭和內臟，然後用水洗淨。切成較厚的圓片，再用廚房紙巾吸拭表面的水分。
2. 洋蔥、西洋芹、胡蘿蔔皆切成條狀。
3. 在鍋裡放入A，用小火拌炒一下。大蒜爆香後加入洋蔥，拌炒到變軟為止。然後也把西洋芹和胡蘿蔔加進去。這時也加入白酒醋，煮一下再倒入橄欖油。也將B加入混合。
4. 在1的竹筴魚上輕輕撒上鹽和胡椒，再沾裹低筋麵粉（腹腔內也要充分塗抹低筋麵粉，再抖落多餘的粉）。用180℃的油徹底油炸到變色為止。
5. 將剛炸好的竹筴魚放進熱騰騰的3中，輕柔地混合攪拌。然後直接放涼，在冰箱靜置一晚。
6. 盛放到容器內。依個人喜好撒上切成碎末的洋香菜，就完成了。

秋刀魚抹醬

通常用豬肉做成的抹醬，改以秋刀魚調製。徹底冰涼的白葡萄酒搭配這個抹醬，是我最喜歡的組合。抹在麵包上再烘烤，也非常美味喔！

材料（4人份）

秋刀魚 —— 2尾 〔三片刀法〕
百里香 —— 1枝
迷迭香 —— 1枝
黑橄欖 —— 5個 〔切成碎末〕
奶油 —— 50g
奶油乳酪 —— 40g
鹽、胡椒 —— 各少許
橄欖油、鹽、胡椒 —— 各適量
芝麻菜、棒狀長麵包（法國麵包）、胡椒（完成品用）—— 各適量

作法

1. 奶油放回至常溫，用打蛋器攪拌成奶油狀。奶油乳酪放回至常溫。
2. 秋刀魚上撒鹽和胡椒，再放進鍋裡。加入橄欖油、百里香、迷迭香，然後開火。
3. 鍋子溫熱後，油的表面逐漸冒泡後關火，直接放涼。
4. 將從3取出的秋刀魚、1的奶油和奶油乳酪、黑橄欖放進食物調理機內攪拌。
5. 用鹽和胡椒調味，並盛放到容器內。依個人喜好擺放芝麻菜和切成薄片的棒狀長麵包，再撒一些胡椒，就完成了。

Guest Comment
我非常喜歡這道凍塊料理！馬鈴薯以及環繞在周圍的櫛瓜都相當美味，能襯托出秋刀魚的香氣。搭配飲用的葡萄酒，令人喝上一口就停不下來……。秋刀魚，在法國是不是也很受歡迎呢？（60多歲，公司職員）

秋刀魚佐馬鈴薯的凍塊

這道凍塊料理，是本店秋季時的超人氣餐點。
馬鈴薯充分吸收了秋刀魚的油脂，是帶有一體感的料理。

材料

（內部尺寸17×8.4×6.5cm的凍塊模具※1個的量）

秋刀魚 —— 4～5尾 三片刀法
櫛瓜（偏大的）—— 1根
馬鈴薯 —— 4～5個
A［水 —— 300ml
A［固態高湯塊 —— 1個
片狀凝膠（吉利丁片）—— 9g 用冰水浸泡
鹽、胡椒 —— 各少許
橄欖油 —— 適量
嫩葉、洋香菜 —— 各適量

※用其他模具製作時，建議使用容量約600ml前後的產品。如果那時在製作上有材料剩下，可以用其他容器裝填凝固作調整。

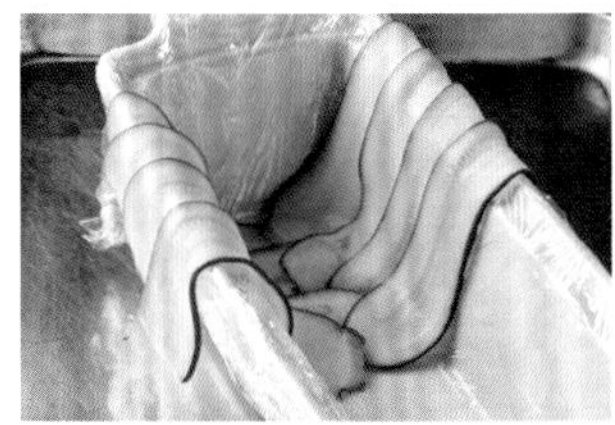

櫛瓜像這樣鋪著。一片一片稍微重疊般，毫無間隙地排列著。

作法

1. 櫛瓜使用刨刀等用具削成縱向的薄片（約1mm厚），再用微波爐加熱30秒，使櫛瓜變軟。
2. 鍋裡放入馬鈴薯和充足的水，再加入鹽（份量外※）煮一下。用竹籤穿刺一下，如果可以通過，就撈起來放在篩網上冷卻。削皮，並切成5mm厚。
3. 在秋刀魚上撒鹽和胡椒。用平底鍋加熱橄欖油，從魚皮側開始煎。出現酥脆感後翻面、關火，直接放著（魚肉側用餘溫加熱）。
4. 鍋內放入A後開火，沸騰後關火稍微放涼（理想溫度是50～60℃），加入片狀凝膠融解。
5. 在整個模具內側鋪上保鮮膜，排放1的櫛瓜（參照左圖）。
6. 將3的秋刀魚1/3的量填塞進5裡面，再將4薄薄注入一層在全體上，然後將2的馬鈴薯的1/2的量填塞進去，再同樣地將4薄薄注入一層在全體上（讓食材和食材能充分地緊密接合）。如此反覆進行至秋刀魚和馬鈴薯用完為止（4沒有全部用完也沒關係※2）。
7. 用垂放在外面的櫛瓜的頂端部位往內摺做成蓋子，再從上方輕輕擺放重物直接放涼，然後連同模具一起放進冰箱徹底冷卻（盡可能靜置半天）。
8. 取下7的模具和保鮮膜，切成容易食用的大小，盛放到容器內。依個人喜好擺放嫩葉，再撒一些切成碎末的洋香菜，就完成了。

※1 標準狀態是：1L的水使用2大匙的鹽。
※2 剩餘的4冷卻凝固後，可作為高湯凍使用。直接用叉子的背部弄散做成裝飾，或是在凝固前放入火腿或汆燙過的蔬菜等，品嚐起來也很美味。

醃製沙丁魚

本店開幕至今，從未自菜單中刪除的沙丁魚醃製料理。
非常適合作為伴酒菜餚，而且如果浸漬在橄欖油內，甚至能以冷藏存放約1星期。

材料（6人份）

沙丁魚（生食用）── 6尾 三片刀法
鹽 ── 2小匙
A
- 白酒醋 ── 200ml
- 大蒜 ── 1個
- 紅辣椒 ── 1根

火蔥 切成碎末 ── 1大匙
洋香菜 切成碎末 ── 1大匙
橄欖油 ── 100ml

作法

1. 沙丁魚的魚皮側朝下排列，撒鹽，靜置約2小時。
2. 將A放進鍋裡開火煮，沸騰後立刻關火。然後移放到烤盤上放涼。
3. 將1的沙丁魚魚皮側朝下排列在2裡，用保鮮膜從上方密實包緊，靜置約30分鐘。
4. 取出3的沙丁魚，用廚房紙巾輕輕吸拭水分。放進保存容器內，加入橄欖油調和。
5. 將4的沙丁魚盛放到容器內，撒上火蔥和洋香菜，再淋上4的橄欖油，就完成了。

Guest Comment

首先，如果這道菜和充分冰涼的白葡萄酒一起品嚐，口中定會有股清爽感，一回過神，感覺已神遊到了地中海。實在值得大力推薦！（40多歲的性感部長）

普羅旺斯風味的沙丁魚番茄焗烤

簡約尋常卻令人驚豔的餐點。食材的鮮美充分展現，相乘效果更添美味。
完成品請務必注意食材的排列方式，讓各種顏色自然顯現。

材料（4人份）

沙丁魚 —— 5尾 三片刀法
洋蔥 —— 1個
番茄 —— 3個
茄子 —— 3根

A
- 麵包粉 —— 10g
- 帕馬森乾酪（磨碎，或者起司粉） —— 20g
- 普羅旺斯香草（Herbes de Provence）（沒有時，可用肉荳蔻、羅勒、迷迭香等代替）—— 少許

橄欖油、鹽 —— 各適量
迷迭香 —— 適量

將番茄、茄子、沙丁魚像立起來一樣地排列，能使完成品更加美觀。

作法

1. 洋蔥切成薄片，番茄切成1cm厚。茄子連皮切成$\frac{1}{4}$～$\frac{1}{5}$厚。
2. 用平底鍋加熱橄欖油，仔細地拌炒洋蔥，變軟後取出。再加入橄欖油到同一個平底鍋內，然後放入番茄。輕撒一些鹽且兩面都煎一下，熟透取出。
3. 再用同一個平底鍋加入橄欖油，放入茄子。輕輕撒鹽後拌炒，整體出現微焦色後取出。
4. 取出沙丁魚的魚骨。排列在烤盤上，輕輕撒鹽後靜置約10分鐘。用廚房紙巾吸拭表面的水分。
5. 一樣再用同一個平底鍋加熱橄欖油，以大火煎煮沙丁魚。
6. 將洋蔥鋪放在耐熱容器內，再擺上番茄、茄子、沙丁魚（參照左圖）。混合A並撒在上面，然後用200℃的烤箱烘烤約15分鐘。依個人喜好裝飾迷迭香，就完成了。

生牡蠣　3種搭配醬料

法國人也非常鍾愛牡蠣。在法國，通常是單純地淋上醋或檸檬汁食用，不過，搭配特調醬料可以品嚐到多重風味，也是牡蠣料理的一大魅力。

材料（4人份）

生牡蠣 —— 12個

水果番茄醬料

水果番茄 —— 1個

A
- 紅酒醋 —— 2大匙
- 番茄醬 —— 1小匙
- 塔巴斯科辣椒醬 —— 少許
- 鹽 —— 少許

茴蒿醬料

茴蒿 —— 1/3束
高湯粉 —— 1小撮
檸檬汁 —— 少許
鹽 —— 少許

海苔醬料

烤海苔 —— 大片的1/4片
高湯（P.6）—— 50ml

B
- 紅酒醋 —— 10ml
- 醬油 —— 少許
- 檸檬汁 —— 少許
- 塔巴斯科辣椒醬 —— 1滴

洋香菜、粉紅胡椒、火蔥、檸檬、蒔蘿 —— 各適量

作法

1. 製作水果番茄的醬料。番茄要劃出淺淺的切紋，沾熱水再放進冷水中剝皮（熱水去皮法）。去除種籽，切成小的塊狀。和A混合。
2. 製作茴蒿的醬料。鍋內放入充足的熱水煮沸，加入鹽（份量外※），快速地汆燙茴蒿後取出（汆燙的湯汁也留著備用）。直接放涼，將茴蒿、汆燙的湯汁200ml、高湯粉一起放進果汁機內攪拌（無法順利攪拌時，請一點一點地加入汆燙的湯汁）。加入檸檬汁，再用鹽調味。
3. 製作海苔的醬料。鍋內放入高湯，用手撕碎海苔加進去燉煮。撥散海苔，待海苔呈現膏狀後就關火。混合B加進去。
4. 將生牡蠣盛放到容器內，放上1～3的醬料。依個人喜好，可在水果番茄的醬料上撒一些洋香菜，在茴蒿的醬料上撒粉紅胡椒，在海苔的醬料上擺放切成碎末的火蔥，然後在旁邊擺放切成彎月形梳子狀的檸檬、蒔蘿，就完成了。

※標準狀態是：1L的熱水使用2大匙的鹽。

牡蠣的煨煮風味料理

這是以前，某位牡蠣生產者開心地做給我品嚐的一道餐點。作法簡單，最適合當作啤酒的下酒小菜。
放到義大利麵、通心粉或拌炒料理內一起烹調也非常合適喔。

材料（4人份）

- 剝殼牡蠣 —— 200g（約10個）
- A
  - 橄欖油 —— 500ml
  - 月桂葉 —— 1片
  - 迷迭香（或百里香）—— 1枝
- 鹽、胡椒 —— 各少許
- 百里香（完成品用）—— 適量

作法

1. 剝殼牡蠣上撒鹽和胡椒。
2. 鍋裡倒入橄欖油（份量外）加熱，讓油在鍋底薄薄散開，將牡蠣兩面都煎一下。
3. 加入A用小火燉煮約15分鐘。
4. 直接浸漬在溶液內放涼。盛放到容器內。依個人喜好裝飾百里香，就完成了。

Guest Comment
我每天和牡蠣為伍卻完全不知道竟能如此美味！實在是非常好吃，最近自己也每天都做來吃呢。（30多歲，牡蠣生產者）

牡蠣蔥絲焗烤

本店的超人氣餐點。是只用奶油做出的清爽風味。汆燙牡蠣時滲出的液體正是它美味的來源。
添加它，與不添加它，完成時的風味是全然不同的喔！

材料（4人份）

- 長蔥 —— 1根
- 剝殼牡蠣 —— 8個
- A
  - 鮮奶油 —— 100ml
  - 普羅旺斯香草（Herbes de Provence）（如果有的話）—— 1小撮
  - 鹽、胡椒 —— 各少許
- 白葡萄酒 —— 計80ml
- 奶油 —— 計2大匙
- 沙拉油 —— 少許
- 鹽、胡椒、低筋麵粉 —— 各適量
- 長蔥（完成品用）、洋香菜 —— 各適量

作法

1. 長蔥斜向切成薄片。鍋內放入奶油1大匙加熱，用大火煎一下長蔥。稍微變軟後，倒入白葡萄酒50ml燉煮，讓酒精揮發掉。加入A，轉為中火燉煮到出現濃稠感為止。
2. 鍋裡放入剝殼牡蠣、大量的水、白葡萄酒2大匙（30ml），開火燉煮。即將沸騰前取出牡蠣並關火（汆燙的煮汁也留著備用）。
3. 在2的牡蠣上輕輕撒上鹽和胡椒，再塗抹低筋麵粉。用平底鍋加熱沙拉油和奶油1大匙，煎一下牡蠣。待整體出現薄焦色後關火。
4. 將1加進3裡混合，舀2大匙2的汆燙煮汁加進去，讓整體調和。用鹽調味後放入耐熱容器內，以250℃的烤箱烘烤約10分鐘。依個人喜好擺放切成細絲段的長蔥，再撒上切成碎末的洋香菜，就完成了。

Guest Comment
每到10月，我就很期待到店裡吃這道料理。加上長蔥的清脆感，使牡蠣非常美味。就連我先生原本不太敢吃牡蠣，都在不知不覺間也跟著愛上了呢！（50多歲，公司經營者）

帆立貝和番茄的法式麵包點心※

使用前幾日剩下的麵包做成餐點的，經常是類似這樣的三明治。
在香料或調味品上下工夫，用手邊現有的材料，大膽地挑戰看看吧。

材料（4人份）

法式鄉村麵包康帕涅（Campagne）
（沒有時，可用棒狀長麵包代替）── 4片
帆立貝 ── 8個
番茄 ── 2個
鹽、胡椒 ── 各少許
羅勒醬（P.5）、切成細絲的起司、橄欖油 ── 各適量
胡椒（完成品用）、嫩葉 ── 各適量

作法

1. 帆立貝橫向對切成半，撒一些鹽和胡椒。番茄切成圓片。
2. 用平底鍋加熱橄欖油，以大火煎煮1。
3. 將羅勒醬抹在法式鄉村麵包康帕涅上，上面再擺放2，然後將切成細絲的起司放在最上面。用200℃的烤箱烘烤約5～8分鐘。
4. 盛放到容器內，再從上方輕輕淋上羅勒醬。依個人喜好撒一些胡椒並在旁邊擺放嫩葉，就完成了。

※法式麵包點心（Tartine）：是在法式吐司或切片麵包上塗抹奶油或果醬的三明治點心。

帆立貝、水蜜桃、番茄的前菜

使用口感類似的水蜜桃搭配帆立貝做成的夏季前菜。本店使用的義大利風味醋
是溫和淡甜味的白酒醋，不過食譜中使用的是和白酒醋稍微相似且為各位熟悉的日本米醋。

材料（4人份）

帆立貝（生魚片用）── 8個
番茄 ── 1個
水蜜桃 ── ½個
A
- 火蔥※〔切成碎末〕── 1小匙
- 米醋 ── 1大匙
- Morceau香醋（P.4）或個人喜好的調味醬 ── 1大匙

羅勒 ── 3片
洋香菜 ── 適量

※沒有時，可用洋蔥代替。

作法

1. 洗掉水蜜桃表面的細毛。劃出幾道淺淺的切紋，沾熱水再放進冷水中剝皮（熱水去皮法）。然後大略地切一下。
2. 番茄切成一口的大小。羅勒用手撕成細小碎片。
3. 帆立貝用手扳成一口的大小，並放進攪拌盆內。
4. 將1的水蜜桃、2的番茄和羅勒、A通通加進3裡混合。盛放到容器內，將羅勒（份量外）裝飾在上面。依個人喜好撒一些切成碎末的洋香菜，就完成了。

帆立貝的生肉薄片冷盤　佐花椰菜醬

花椰菜醬的甘甜味和帆立貝的鮮美味有種絕妙的平衡。
鮭魚卵成為出色亮點。也可以將生的花椰菜削成薄片作為裝飾。

材料（4人份）

帆立貝（生魚片用）── 8個
花椰菜 ── 1個
洋蔥 ── 30g
奶油 ── 少許
鹽、鮭魚卵、茴香芹
　── 各適量

作法

1. 洋蔥切成薄片，花椰菜大略切一下。
2. 用平底鍋加熱奶油，拌炒1的洋蔥和花椰菜。
3. 在2中加入充足的水及少許鹽，用小火燉煮約10分鐘後放涼。
4. 將3放進果汁機內攪拌（無法順利攪拌時，請一點一點地加水）。用鹽調味後放進冰箱冷卻。
5. 將帆立貝切成容易食用的大小，並排列在容器上，周圍注入4的醬汁。上面擺放鮭魚卵，再裝飾茴香芹，就完成了。

冷製的蛤蜊雜燴

我認為寒冷時節品嚐後會感到身心舒暢的蛤蜊雜燴在盛夏時節一定也會想要品嚐，因而設計了這道冷製的蛤蜊雜燴。擠出萊姆汁加進去讓口感清爽，就完成了別出心裁的美味湯頭。

材料（4人份）

- 蛤蜊 —— 300g 洗淨砂礫※
- 培根 —— 25g
- 洋蔥 —— ½個
- 馬鈴薯 —— 100g
- 紅椒 —— ½個
- 高湯（P.6）—— 400ml
- A 牛奶 —— 25ml
- A 鮮奶油 —— 25ml
- 萊姆 —— ½個
- 鹽、胡椒 —— 各少許
- 橄欖油、奶油 —— 各適量

※浸在鹽水中，讓鹽水整個覆蓋住，再將砂礫撥弄出來。鹽水是以1L的水融解2大匙的鹽為標準狀態。

作法

1. 培根切成5mm的塊狀。洋蔥、馬鈴薯、紅椒切成1cm的塊狀。
2. 用平底鍋加熱橄欖油，輕輕拌炒蛤蜊。待蛤蜊表面的顏色稍微改變後，便加入充足的水，蓋上鍋蓋蒸煮。
3. 將開口的蛤蜊取出，放在篩網上備用。鍋內保留⅓的量繼續以小火蒸煮約20分鐘。
4. 將取出的蛤蜊去殼（留下蛤蜊肉）。鍋的內容物用鋪了厚廚房紙巾的篩網過濾，區分出煮汁和蛤蜊（不使用這些蛤蜊）。
5. 鍋內加熱奶油，拌炒培根。香味出來後，加入洋蔥和紅椒一起拌炒。變軟後再加入馬鈴薯。接著倒入高湯燉煮。
6. 馬鈴薯變軟後，用湯勺舀一瓢4的煮汁加進去。去除表面的浮渣並加入A。
7. 煮沸後加入去殼的蛤蜊，並用鹽和胡椒調味。然後直接放涼，再放進冰箱內冷卻。
8. 從7的上方擠入萊姆汁混合，再盛放到容器內。依個人喜好，磨細萊姆皮擺在上面作裝飾，就完成了。

材料（4人份）

蛤蜊 —— 250g 洗淨砂礫※
馬鈴薯 —— 2個
大蒜 —— 1片
紅辣椒 —— 1根
沙拉油 —— 1大匙
羅勒 —— 5片
A
水 —— 5大匙
檸檬汁 —— 1大匙
魚露沾醬 —— 1小匙
白葡萄酒 —— 5大匙
韭菜、洋香菜 —— 各適量

※浸在鹽水中，讓鹽水整個覆蓋住，再將砂礫撥弄出來。鹽水是以1L的水融解2大匙的鹽為標準狀態。

作法

1. 馬鈴薯用保鮮膜包起來，放進微波爐內加熱5～6分鐘。削皮後隨意切一下。
2. 大蒜切成碎末，羅勒用手撕碎。
3. 用平底鍋加熱沙拉油，放入大蒜、紅辣椒，用中火加熱。香味出來後，加入馬鈴薯、蛤蜊、羅勒、A，蓋上鍋蓋，轉而用大火燜煮。
4. 蛤蜊開口後即關火，盛放到容器內。依個人喜好擺放切成3cm長的韭菜，再撒一些切成碎末的洋香菜，就完成了。

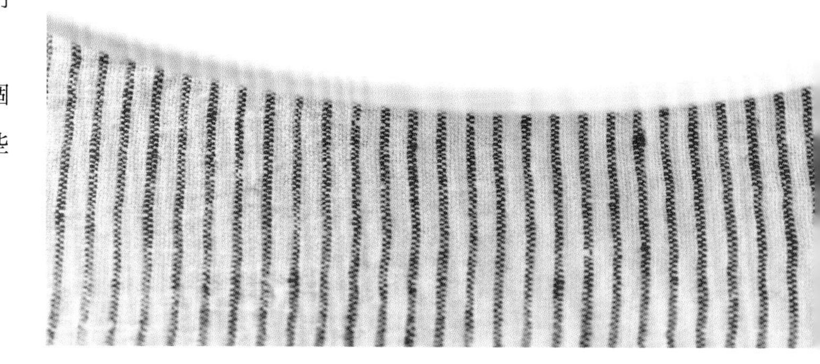

蛤蜊、馬鈴薯、羅勒的白酒清蒸料理

本店平常是使用義大利產的魚醬Colatura di Alici，
這種魚醬是以日本鯷魚（又稱鳳尾魚）為主要材料。
不過，使用魚露沾醬或鹽汁沾醬也同樣能做出類似風味。
上面如果放了芫荽（俗稱香菜），就能搖身變為泰式風味。

章魚的田螺醬煸炒料理

我很喜歡田螺，但更熱愛這種田螺醬。
無論是蔬菜、海鮮、還是肉類，只是稍微拌一些田螺醬，就會有餐廳等級的口感。

材料（4人份）

水煮章魚（若有，選用「真蛸」）—— 200g
奶油（無鹽、平底鍋用）—— 適量
洋香菜（完成品用）—— 適量

田螺醬（Escargot butter）※

奶油（無鹽）—— 100g
A
- 洋香菜 —— 20g 切成碎末
- 大蒜 —— 6g 切成碎末
- 洋蔥 —— 6g 切成碎末
- 西洋芹 —— 6g 切成碎末

鹽 —— 少許
麵包粉 —— 6g

※容易製作的份量。會剩下1/3的量，可以用來搭配其他燒煮的海鮮、肉類，或者拿來塗抹麵包也會非常美味。

作法

1. 製作田螺醬。奶油放回至常溫。加入A徹底混合。再加入鹽和麵包粉，繼續混合。
2. 汆燙好的章魚以逆切的方式削成稍厚的片狀。
3. 用平底鍋加熱奶油，煎一下2的章魚。放入1/3量的田螺醬拌勻，大蒜的香味出來後即可關火。
4. 盛放到容器內。依個人喜好撒一些切成碎末的洋香菜，就完成了。

章魚和葡萄柚的前菜

以口感清脆的西洋芹為亮點，是本店夏季的經典菜單。
多種食材全部組合成一盤，令人忍不住想大快朵頤的美味餐點。

材料（4人份）

水煮章魚（若有，選用「真蛸」）—— 200g
A 白葡萄酒 —— 4大匙
A 水 —— 500ml
水果番茄 —— 2個
義大利荷蘭芹 —— 3根
西洋芹 —— 1/3根
葡萄柚 —— 1/2個
羅勒醬（P.5）—— 少許
Morceau香醋（P.4）或個人喜好的調味醬、西洋水芹菜等嫩芽籽苗 —— 各適量

作法

1. 鍋內放入A後開火，沸騰後快速地汆燙一下水煮章魚（去除腥味）。涮過後放在篩網上放涼，再以逆切的方式削成稍厚的片狀。
2. 水果番茄隨意切一下，義大利荷蘭芹用手撕成細碎狀，西洋芹則切成薄片。葡萄柚削皮，先取其中2/3的量連同果肉的薄皮一起削掉，再取剩下的1/3用手擠出果汁。
3. 將1和2與羅勒醬混合後盛放到容器內。依個人喜好淋上調味醬，再裝飾嫩芽籽苗，就完成了。

油炸烏賊和野菜　佐款冬花莖醬

迎春時節登場的菜單。
混合款冬花莖和少量的味噌做成甜味豐富的醬汁上菜。

材料（4人份）

烏賊（槍烏賊或魷魚）——1隻
楤芽、野生土當歸、莢果蕨等野菜——計12根左右
A
- 低筋麵粉——50g
- 米粉——50g
- 啤酒——25g
- 水——80g

炸油——適量
洋香菜——適量

款冬花莖醬※
款冬花莖——1包
味噌——$1/2$小匙
奶油——2小匙
橄欖油——適量

※容易製作的份量。如果有剩下，也可以用來拌汆燙過的義大利麵（螺絲麵或通心粉等），或是加在炒青菜或味噌湯裡，也會非常美味。

作法

1. 製作款冬花莖醬。鍋內熱水煮沸後加鹽（份量外※），汆燙款冬花莖。約1分鐘後放在篩網上，冷卻後扭乾水氣，切成碎末。將扭乾的款冬花莖、味噌、奶油擺在砧板上，用菜刀邊敲打邊混合。移放到保存容器內，在整體上方淋上薄薄一層橄欖油，然後放進冰箱冷藏。
2. 烏賊和野菜切成容易食用的大小。
3. 輕快地混合A，並讓2在裡面涮一下，再用180℃的熱油油炸。
4. 鍋內放入2大匙的水，再取1的醬汁2大匙加進去。開火，溫熱後關火。
5. 將3盛放到容器內，以繞圈的方式淋上4。依個人喜好撒一些切碎的洋香菜，就完成了。

※標準狀態是：500ml的水使用1大匙的鹽。

由左至右分別是楤芽、野生土當歸、莢果蕨。沒有時，可用玉簪或金漆樹等代替，也會非常美味。

螢火蟲魷魚的Bruschetta※

預告春天已來到的螢火蟲魷魚。雖然去掉眼珠和尖嘴需耗費精力時間，但其美味程度幾乎讓人忘卻辛苦!!!
非常適合搭配春季蔬菜。

材料（4人份）

螢火蟲魷魚（Firefly Squid）——20隻
油菜——1束
大蒜——1片 切成碎末
紅辣椒——1根
橄欖油、棒狀長麵包——各適量
火蔥、芝麻菜——各適量

作法

1. 清除螢火蟲魷魚的眼珠，再輕壓提起讓足部往上，同時取下尖嘴。
2. 鍋內放入充足的熱水煮沸，加鹽（份量外※）後快速地汆燙油菜。
3. 用平底鍋加熱橄欖油，放入大蒜、紅辣椒仔細地拌炒。出現香味後加入螢火蟲魷魚和油菜，整個混合一下再放涼。之後放進冰箱冷卻。
4. 將棒狀長麵包切成薄片，再將3擺放在麵包上，盛放到容器內，以繞圓的方式淋上橄欖油。依個人喜好撒一些切碎的火蔥，再添上芝麻菜，就完成了。

※Bruschetta：是一種義大利開胃菜。
※標準狀態是：1L的熱水使用2大匙的鹽。

蟹肉酥皮堡　佐荷蘭醬※

我的故鄉福井縣，是螃蟹的著名產地。將最喜愛的螃蟹
最喜愛的酥皮以及最喜愛的醬料結合在一盤。真是奢華享受！

材料（4人份）

冷凍酥皮——約1片※
去殼雪蟹（生食用片狀）——100g
長蔥——½根
菠菜——⅓束
鹽、胡椒——各少許
橄欖油（平底鍋用）、蛋液——各適量

荷蘭醬（Hollandaise Sauce）

A
- 蛋黃——1個的量
- 水——1⅓大匙
- 鹽、胡椒——各少許
- 白酒醋——1小匙
- 美乃滋——½小匙

橄欖油——50ml
檸檬汁——少許
鹽——適量

※尺寸大小會依製造商而異，因此請準備能夠做出作法3的酥皮麵皮的份量。

作法

1. 長蔥切成薄片，菠菜大略切成3～4cm寬。
2. 用平底鍋加熱橄欖油，放入長蔥和菠菜輕輕拌炒，再撒上鹽和胡椒。
3. 將冷凍酥皮放在台子上。稍微變軟後抹上蛋液，用直徑8cm的圓形模具壓出4個（或者切成約8cm的塊狀做出4個）。用200℃的烤箱烘烤約10分鐘。
4. 製作荷蘭醬。在攪拌盆內放入A，邊隔水加熱邊用打蛋器混合攪拌。然後將橄欖油一點一點地加進來攪拌，也加入檸檬汁。最後再加入少許美乃滋（份量外），並且用鹽調味。
5. 將3的酥皮分成上下兩片，下層酥皮上擺放2和雪蟹肉，淋上4的醬料，然後蓋上上層酥皮，就完成了。

※荷蘭醬（Hollandaise Sauce）：又稱荷蘭酸辣醬或蛋黃奶油酸辣醬，是一種用奶油、蛋黃和檸檬汁等調製而成醬料。

蟹肉起司吐司

使用經常被加在南法熟悉的馬賽魚湯（Bouillabaisse）內並帶有辛辣風味的法式醬料Rouille調製。大蒜的香氣能誘發食慾。

材料（4人份）

去殼雪蟹（生食用片狀）——80g
蘆筍——4根

A
- 美乃滋——50g
- 大蒜（磨成泥）——少許
- 一味唐辛子——少許

棒狀長麵包、切成細絲的起司——各適量
西洋水芹菜——適量

作法

1. 鍋內放入充足的熱水煮沸，加鹽（份量外※）後汆燙已削皮的蘆筍。切成6等分。
2. 混合A，塗抹在切成薄片的棒狀長麵包上。上面擺放去殼雪蟹、蘆筍、切成細絲的起司，用烤麵包機烘烤到出現微焦色。盛放到容器內，依個人喜好擺放西洋水芹菜，就完成了。

※標準狀態是：1L的熱水使用2大匙的鹽。

西班牙蒜味鮮蝦青花菜

西班牙語中，「蒜味料理」稱為「ajillo」。本店在料理時，是在橄欖油散發陣陣香氣的當下加入羅勒增添風味。蘑菇、番茄、雞肉等也很適合使用這個方法料理。

材料（4人份）

鮮蝦（草蝦或老虎蝦）——8尾
培根塊——30g
花椰菜——1株
大蒜——2片 切成碎末
橄欖油——計50ml
羅勒（乾燥的）——少許

作法

1. 鮮蝦去殼並取出腸泥。
2. 青花菜分成許多小株。在鍋內放入充足的熱水並煮沸，加入鹽（份量外※），汆燙青花菜。
3. 培根塊切成條狀。
4. 用平底鍋加熱少許橄欖油，放入3的培根仔細拌炒。培根炒出脆感後加入鮮蝦，快速拌炒到鮮蝦變色。這時再加入青花菜、大蒜、剩下的橄欖油。
5. 大蒜過火變色後，加入羅勒。香味出現後，盛放到容器內，就完成了。

※標準狀態是：1L的熱水使用2大匙的鹽。

Guest Comment
用這個熱騰騰的醬汁沾Morceau的麵包一起吃，實在是至極幸福的時刻。我總是無止境地一塊接著一塊吃個不停呢（真不好意思）！（20多歲，銷售經理）

鮮蝦酪梨捲

鮮蝦鮮嫩肉質的口感及酪梨的乳香風味，讓這道料理充滿樂趣。
只要和色彩鮮豔的蔬菜一起盛盤，就能使外觀也華麗無比。

材料（4人份）

鮮蝦（草蝦或老虎蝦）—— 8尾
酪梨 —— 1個
A
- 檸檬汁 —— 少許
- 洋蔥 —— $\frac{1}{3}$個 切成碎末
- 西洋芹 —— $\frac{1}{3}$根 切成碎末
- 美乃滋 —— 3大匙

小黃瓜 —— 2根
鹽、胡椒 —— 各適量
櫻桃蘿蔔、洋香菜、沙拉用嫩葉（Mache）等葉菜 —— 各適量

作法

1. 鮮蝦去殼並取出腸泥，再將鍋內充足的熱水煮沸，然後汆燙鮮蝦。其中4尾切成碎末，剩下的直接放著備用。酪梨的果肉用叉子搗爛。
2. 小黃瓜用刨刀等縱向削成薄片，浸泡在鹽水（份量外※）中，讓它變軟。
3. 混合切成碎末的蝦仁、酪梨、A，再用鹽和胡椒調味。
4. 用2的小黃瓜包裹3，盛放到容器內，並擺放剩下的鮮蝦。依個人喜好，穿插切成薄片的櫻桃蘿蔔，撒上切碎的洋香菜，再擺放沙拉用嫩葉，就完成了。

※標準狀態是：500ml的水使用1小匙的鹽。

圓麵包

我非常喜愛麵包，還曾經到製作麵包的學校學習，至今已烘烤過各式各樣的麵包。其中，這個麵包的應用廣泛，屬於萬能型的麵包。質地鬆軟，真的非常好吃，請一定要嚐嚐看剛出爐時的口感。

材料（直徑5cm約18個的量）

高筋麵粉 —— 700g
鹽 —— 12g
砂糖 —— 12g
乾酵母 —— 7g
溫水 —— 30ml
水 —— 400ml
橄欖油 —— 25g

作法

1. 將乾酵母融解在溫水裡。
2. 取一個稍大的攪拌盆，將1和剩下的材料全部放進去，用手混合攪拌。混合均勻後從攪拌盆內取出，放在台上揉捏。用手指攤開，徹底揉捏、延展成薄薄的麵團。
3. 將麵團重新放回已薄薄塗上一層橄欖油（份量外）的攪拌盆內，包上保鮮膜，在常溫場所靜置1小時。
4. 以每60g切開麵團，放在手上邊揉捏邊搓揉成圓形。然後直接放著，靜置約15分鐘。
5. 準備鋪有烤盤紙的烤盤。
6. 再次將4的麵團調整成圓形，逐一擺放在5的上方並在彼此間預留間隔。在常溫場所靜置30分鐘。
7. 以220℃的烤箱烘烤約15～20分鐘至略呈焦色，就完成了。

Guest Comment

外觀、嚼勁、香氣。這樣的好品質，讓人忍不住愛上麵包。真想被心愛的圓麵包環繞著生活。（30多歲，醫學博士）

佛卡夏麵包※

佛卡夏麵包的成型也非常簡單，可在上面擺放香草或橄欖，也能將番茄乾揉捏進去，變化自由又多樣。烤箱事前確實預熱是製作時的一大重點。

材料（25×20cm烤盤1片的量）

A
- 高筋麵粉 —— 240g
- 低筋麵粉 —— 60g
- 鹽 —— 6g

乾酵母 —— 3g
溫水 —— 180ml
橄欖油 —— 30g
迷迭香 —— 1枝
防黏手用的麵粉、鹽（完成品用）、橄欖油（完成品用）—— 各適量

作法

1. 在攪拌盆內放入A混合。
2. 將乾酵母融解在溫水裡。加入橄欖油混合。
3. 將1和2混合，在攪拌盆中混合到柔軟滑順為止。用手指攤開，徹底揉捏、延展成薄薄的麵團。
4. 將攪拌盆包上保鮮膜，在約30℃的場所※靜置1小時。
5. 再次將麵團調整成圓形，放在約30℃的場所※靜置15分鐘。
6. 在工作檯上輕輕撒一些防黏手的麵粉，用擀麵棍將5的麵團延展，做成比烤盤略小一圈的橢圓形。放在鋪有烤盤紙的烤盤上，在常溫場所靜置30分鐘。
7. 將撕碎的迷迭香撒在上面，再輕撒一些鹽，並以繞圈的方式淋上橄欖油，再用250℃的烤箱烘烤約15分鐘。冷卻後切成容易食用的大小盛盤，就完成了。

※佛卡夏麵包（Focaccia）：是一種類似披薩麵皮的義式薄麵包。
※在一般家庭中，夏季時可直接放置在室內，冬季時可利用稍微加熱後熄火的烤箱內部。

尼斯洋蔥塔※

尼斯、馬賽等普羅旺斯地方的鄉土料理。可利用烤盤輕鬆烘烤，也很適合搭配白葡萄酒。是務必試著在派對場合時做做看的餐點。

材料（25×20cm烤盤1片的量）

- 冷凍酥皮——4片
- 洋蔥——6個
- 奶油——20g
- 橄欖油——3大匙
- A
  - 大蒜（切成碎末）——少許
  - 百里香（乾燥的也可以）——1枝
  - 迷迭香（乾燥的也可以）——1枝
  - 鹽——少許
- 胡椒——少許
- 鯷魚（魚片）——10片
- 黑橄欖（去籽）——適量

邊緣處留下約1cm，擺上洋蔥等食材後烘烤，再像裝飾般放上鯷魚等鮮味，能讓完成品更顯華麗。

作法

1. 洋蔥切成薄片（也可使用切片機）。
2. 在鍋內加熱奶油、橄欖油，拌炒1的洋蔥。洋蔥變軟後加入A，蓋上蓋子燜燒一下。汁液燒乾、略呈褐色後，撒上胡椒並放涼。
3. 將冷凍酥皮放在鋪有烤盤紙的烤盤上。稍微變軟後，延展到烤盤四周，平鋪成毫無縫隙的狀態。用叉子在四處戳洞。將2擺放在整體上。
4. 用180℃的烤箱烘烤約30分鐘（中途須確認幾次並調整溫度，以免邊角處燒焦）。
5. 撒上鯷魚、切成圓片的黑橄欖，然後再烘烤約5分鐘。依個人喜好撒上百里香（份量外）裝飾。切成容易食用的大小盛盤，就完成了。

※尼斯洋蔥塔：（Pissaladière）。

蕎麥粉製法式鹹可麗餅※

法式鹹可麗餅給人一種流行時尚的感覺，使用蕎麥粉這一點，更是深受女性喜愛。
容易消化，又可擺放喜好的食材，實在令人欣喜。

材料（直徑30cm2片的量）

A
- 蕎麥粉 —— 125g
- 低筋麵粉 —— 50g
- 鹽 —— 8g

牛乳 —— 500ml
奶油 —— 125g
奶油（平底鍋用）、西洋水芹菜、生火腿、切成細絲的起司、帕馬森乾酪（或起司粉）、洋香菜 —— 各適量

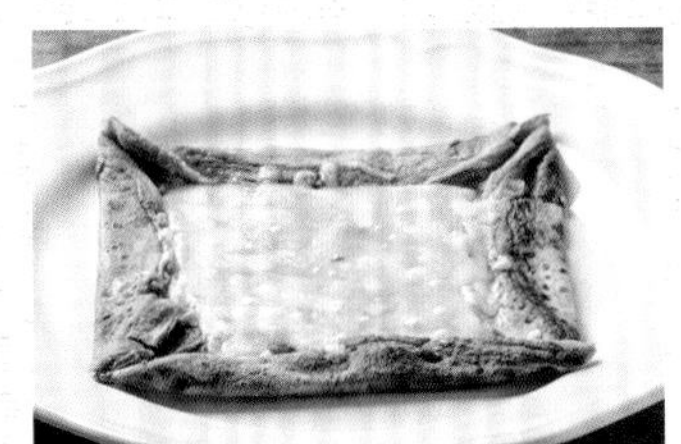

用平底鍋煎麵團，擺上起司，用烤麵包機烘烤。除了生火腿以外，擺放煙燻鮭魚、烤雞肉、生蘑菇等，也會相當美味。

作法

1. 用打蛋器混合A，一點一點地加入牛乳混合。
2. 用鍋子（盡量用偏小型的）加熱奶油，呈現薄褐色後即關火、放涼。和1混合，用篩網過濾，放進冰箱靜置1小時至一夜。
3. 用偏大的平底鍋加熱奶油，分兩次各注入$\frac{1}{2}$量的麵團，攤開成薄圓狀煎一下。下面出現微焦色且上面開始冒出泡後，便迅速翻面再煎10秒鐘，攤放在盤子上備用。擺上切成細絲的起司，將四角往內摺成正方形，放進烤麵包機內。烘烤到起司融解為止。
4. 將西洋水芹菜、生火腿擺放在3上，從上方撒下帕馬森乾酪（或起司粉）。再撒上切成碎末的洋香菜，就完成了。

※法式鹹可麗餅：（Galette）。

藍紋乳酪的奶油與起司仙貝

直接食用起司也很美味，但嘗試這種變化也別有特色。
在藍紋乳酪（Blue Cheese）中加入少許鮮奶油，可讓不太敢吃這類起司的人也能輕鬆品嚐。

材料（2人份）

A
- 帕馬森乾酪（磨碎，或起司粉）—— 100g
- 低筋麵粉 —— 10g

藍紋乳酪 —— 50g
鮮奶油 —— 30ml
胡椒 —— 適量

作法

1. 混合A。
2. 在平底鍋內每次放入1/8量的1（油不用散開來），慢慢擴展成直徑約8cm的薄片。用小火將下面煎出微焦色後即可翻面。
3. 藍紋乳酪先用微波爐加熱，讓它變軟（以600W加熱30秒）。用叉子的背部弄散，和打至八分發泡的鮮奶油混合。
4. 將3的1/4量擺放在2的仙貝上，撒上胡椒，最上方再用仙貝覆蓋，就完成了。

蔬菜料理

尼斯風味沙拉

這道尼斯風味沙拉，是Morceau招牌菜單「Morceau沙拉」的出發點。
盡可能選用新鮮且味道濃郁的蔬菜。
只用蔬菜，即可讓人擁有飽腹感及幸福感。

Guest Comment

Morceau沙拉是我的精神來源！我一個人就能吃完一整盤。知道了主廚耗費心思採購、取得蔬菜的故事，不由得讚嘆原來食材也是有故事的啊！上面擺放的蒔蘿也令我難以抗拒。（30多歲，服飾業者）

調味醬可裝填至100日圓商店等販售的醬汁分裝瓶內，可提升使用上的便利性。一點一點地淋在蔬菜上，或是要繪出線條等情形時，都會非常好用。

馬鈴薯使用汆燙後再煎過的以及油炸處理的，即可同時享受到兩種不同口感的樂趣。

材料（4人份）

馬鈴薯——1個
番茄——1個
青椒——1個
黃椒——½個
黑橄欖（去籽）——4個
四季豆——8根
水煮蛋——1個
鮪魚罐頭——1罐
鯷魚（魚片）——4片
胡椒——少許
蒔蘿種子——少許
橄欖油、生菜、鹽、Morceau香醋（P.4）或個人喜好的調味醬——各適量
馬鈴薯（完成品用）、炸油、洋香菜——各適量

作法

1. 馬鈴薯用保鮮膜包裹起來，用微波爐加熱5～6分鐘（也可以用鹽水汆燙）。切成7mm寬。
2. 番茄切成彎月形的梳子狀，青椒和黃椒切成細絲，黑橄欖切成圓片。鍋內熱水煮沸，加入鹽（份量外※），汆燙四季豆。水煮蛋縱向切成圓片。鮪魚罐頭的水分瀝掉。
3. 用平底鍋以大火加熱橄欖油，放入1的馬鈴薯，將雙面煎到微焦。輕撒一些鹽。
4. 在容器內擺放生菜，再將2、3、鯷魚盛放在周圍，使整體看起來鮮豔。淋上調味醬，再撒上胡椒、蒔蘿種子。依個人喜好擺放切成細絲的炸馬鈴薯，再撒一些切碎的洋香菜，就完成了。

※標準狀態是：500ml的熱水使用1大匙的鹽。

西洋水芹菜佐蘑菇的沙拉

結合了西洋水芹菜的苦味、培根的美味，
以及大蒜的香氣。蘑菇則選用新鮮的直接生食。

材料（4人份）

西洋水芹菜 —— 2束
培根 —— 40g
大蒜 —— 1小匙 切成碎末
紅酒醋 —— 2大匙
橄欖油 —— 2大匙
蘑菇 —— 2個

作法

1. 西洋水芹菜可依個人喜好去除較硬的莖，浸泡在冷水中，使其口感清脆。瀝乾水分，放進攪拌盆。
2. 將橄欖油和培根放進平底鍋內以大火加熱，微焦帶酥後，即加入大蒜、紅酒醋（平底鍋內可能有火，須格外留意）。再次煮沸，稍微讓酸味飛散。
3. 大蒜變為淡褐色後，加進1的攪拌盆內混合。盛放到容器內，擺上切成薄片的蘑菇，就完成了。

可多加運用西洋水芹菜的葉片形狀，裝飾出豐盛感。

茄子佐水果番茄的前菜

當水茄子開始出現在市場販售，
便代表著夏季即將到來，總是令我雀躍欣喜。
茄子和這種番茄的調味醬有極出色的相容性。

材料（4人份）

茄子（有的話，選用水茄子）—— 1個
水果番茄 —— 2個
蘆筍 —— 2根
洋蔥或火蔥 切成碎末 —— 1大匙
番茄和洋蔥的調味醬（P.5）—— 少許
鹽 —— 適量
洋香菜 —— 適量

作法

1. 茄子用手撕開，放進攪拌盆內，輕撒一些鹽再揉捏。鍋內放入充足的熱水煮沸，加入鹽（份量外※），汆燙已削皮的蘆筍，再切成一口的大小。水果番茄大略切一下。
2. 攪拌盆內放入洋蔥或火蔥，再加入調味醬搓揉混合（讓食材入味）。盛放到容器內，依個人喜好撒上切碎的洋香菜，就完成了。

※標準狀態是：1L的熱水使用2大匙的鹽。

Guest Comment

我在許多餐廳品嚐過義式熱沾醬沙拉，但Morceau的沾醬特別獨樹一格。好吃到令我想裝瓶帶回家！蔬菜也新鮮美味，飽足感滿分。（50多歲，醫師）

義式熱沾醬沙拉※

本店經常準備各式各樣色彩鮮豔的蔬菜搭配熱沾醬食用。
沾醬則調製成能充分襯托出蔬菜甘甜的風味。

材料（容易製作的份量※）

大蒜 —— 400g
牛奶 —— 400ml
鯷魚（魚片）—— 80g
橄欖油 —— 300ml
紅椒、黃椒、菊苣、紅菊苣、胡蘿蔔、櫻桃蘿蔔、紅白櫻桃蘿蔔、青花菜、油菜、Petit vert（一種非結球甘藍）、四季豆、甜豌豆莢等個人喜好的蔬菜 —— 各適量

※沾醬的完成品約500ml。

作法

1. 取出大蒜的芯（內芽）。放進鍋裡，加入充足的水燉煮。
2. 沸騰後倒掉熱水，重新加水燉煮。再次沸騰後一樣倒掉熱水，並重新加入充足的水燉煮大蒜。三度沸騰後轉為小火，慢慢燉煮至大蒜變軟為止。
3. 將大蒜放在篩網上瀝掉水分。放回空鍋內，加入牛奶。燉煮到牛奶剩下一半的量（很容易燒焦，須格外留意）。
4. 用耐熱鏟弄散大蒜，加入鯷魚一起弄散。改拿著打蛋器，一點一點加入橄欖油，同時用打蛋器混合。
5. 準備蔬菜（偏大的食材須切成容易食用的大小，青花菜、油菜、Petit vert、四季豆、甜豌豆莢等須汆燙）。盛放到容器內，並將4裝在另一個容器內擺放在旁，就完成了。

※這種義式熱沾醬沙拉稱為「Bagna càuda」。

花椰菜沙拉

濃郁醬料非常美味。除了花椰菜以外，
也適合搭配菊苣或芝麻菜等。

材料（4人份）

花椰菜 —— ½株
A
- 牛奶 —— 75ml
- 藍紋乳酪（Blue Cheese）—— 50g
- 核桃 —— 10g
- 橄欖油 —— 2小匙
- 鹽 —— 少許
- 胡椒 —— 少許

橄欖油、胡椒 —— 各適量
核桃（完成品用）—— 適量

作法

1. 將A放進果汁機內攪拌。
2. 花椰菜分成許多小株，浸泡在水中，使其口感清脆，然後把水分瀝乾，再和1的醬料混合。
3. 輕撒一些橄欖油和胡椒，依個人喜好撒上大略切開的核桃，就完成了。

長蔥凍塊　佐甜蝦

組成精美的凍塊料理，宛如一幅美麗的圖畫。
邊做邊在腦海中浮現顧客品嚐時的笑容，也是製作時的樂趣之一。

材料（內部尺寸17×8.4×6.5cm的凍塊模具※1個的量）

長蔥 —— 4根
生火腿（偏大的）
—— 4片
甜蝦 —— 8尾
A［水 —— 300ml
高湯塊 —— 1個］
片狀凝膠（吉利丁片）
—— 9g 用冰水浸泡

鹽 —— 少許
芝麻菜、Morceau香醋（P.4）
或個人喜好的調味醬、洋香菜
—— 各適量

※用其他模具製作時，建議使用容量約600ml前後的產品。如果那時在製作上有材料剩下，可以用其他容器裝填凝固等調整。

作法

1. 在整個模具內側鋪上保鮮膜。
2. 將長蔥切成3等分，撒鹽，用會有蒸氣上揚的蒸鍋※1蒸10分鐘。
3. 鍋內放入A後開火，沸騰後關火稍微放涼（理想溫度是50～60℃），加入片狀凝膠融解。
4. 將生火腿填塞在1的模具內（緊貼著底面和側面，使其從模具較長的邊緣處多垂出約5cm）。放入2的長蔥，再一點一點地注入3（讓食材和食材能充分地緊密接合。3沒有全部用完也沒關係※2）。
5. 用生火腿的頂端部位作為蓋子，再從上方輕輕擺放重物壓著，然後連同模具一起放進冰箱冷卻（盡可能靜置一晚）。
6. 取下5的模具和保鮮膜，切成容易食用的大小，並避免破壞形狀。盛放到容器內，擺放去除背部腸泥的甜蝦。依個人喜好添加芝麻菜，淋上調味醬，再撒一些切成碎末的洋香菜，就完成了。

※1 不使用蒸鍋時，可在鍋內放入充足的熱水煮沸，加入鹽汆燙亦可。是以1L的熱水融解2大匙的鹽為標準狀態。
※2 剩餘的3冷卻凝固後，可作為高湯凍使用。直接用叉子的背部弄散做成裝飾，或是在凝固前放入火腿或汆燙過的蔬菜等，品嚐起來也很美味。

鮮彩和風蔬菜凍塊

集結多種日式風味的蔬菜做成的凍塊料理。
淋上個人喜好的調味醬也非常好吃。

材料（內部尺寸17×8.4×6.5cm的凍塊模具※1個的量）

長蔥（蔥白部分）—— 2根
茗荷 —— 1包
青椒 —— 4個
秋葵 —— 1袋
冬瓜 —— 1/6～1/8個
竹筍（水煮）—— 200g
A［水 —— 300ml
　高湯塊 —— 1個］
片狀凝膠（吉利丁片）—— 9g 用冰水浸泡
西洋水芹菜等嫩芽籽苗 —— 適量

※用其他模具製作時，建議使用容量約600ml前後的產品。如果那時在製作上有材料剩下，可以用其他容器裝填凝固等調整。

作法

1. 在整個模具內側鋪上保鮮膜。
2. 將長蔥切成35cm長，再縱向切成薄片，準備計6根。茗荷切掉根部並避免散開。青椒切成5mm塊狀。秋葵切掉萼頭。冬瓜削皮，切成3cm塊狀。竹筍用水清洗。
3. 鍋內放入充足的熱水煮沸，加入鹽（份量外※）。這時放入2，並快速地汆燙冬瓜以外的其他食材，然後將冬瓜燉煮到竹籤能夠穿透為止。加進冰水內，再瀝掉水分。茗荷縱向對切成半。
4. 鍋內放入A開火，沸騰後關火稍微放涼（理想溫度是50～60℃），加入片狀凝膠融解。
5. 將3的長蔥填塞在1的模具內（緊貼著底面和側面，使其從模具較長的邊緣處多垂出來一些）。放入剩下的3的蔬菜，再一點一點地注入4（讓食材和食材能充分地緊密接合。4沒有全部用完也沒關係）。
6. 用長蔥的頂端部位作為蓋子，再從上方輕輕擺放重物壓著，然後連同模具一起放進冰箱冷卻（盡可能靜置一夜）。剩餘的4也注入到容器內放進冰箱冷卻凝固（可作為高湯凍使用）。
7. 取下6的模具和保鮮膜，切成容易食用的大小。盛放到容器內，裝飾弄散的高湯凍，再依個人喜好擺放嫩芽籽苗，就完成了。

※標準狀態是：1L的熱水使用2大匙的鹽。

鮮彩蔬菜雞尾酒

每一樣都簡約單純，卻能經由組合，
搖身變為美麗餐點。極適合用於派對。

材料（4人份）

酪梨 —— 1個
A［橄欖油 —— 50ml
　水 —— 50ml
　檸檬汁 —— 少許
　鹽 —— 少許］
洋蔥 —— 1/2個 切成薄片
B［鮮奶油 —— 2大匙
　牛奶 —— 2大匙
　水 —— 1大匙］
橄欖油（平底鍋用）、蔬菜雜燴（P.78）、紅蓼等嫩芽籽苗 —— 各適量

作法

1. 大略切一下酪梨的果肉，和A一起放進果汁機內攪拌後取出。
2. 用平底鍋加熱橄欖油，放入洋蔥仔細拌炒並蓋上蓋子。洋蔥變軟後和B一起放進果汁機內攪拌。
3. 將1和蔬菜雜燴層疊式地放進容器內，淋上2，再擺放嫩芽籽苗，就完成了。

Guest Comment

我熱愛小黃瓜的心情絲毫不輸給主廚。所以我每次來店裡都會點這道菜吃。曾有一次續盤到第3盤時，主廚驚訝地說道「你的祖先該不會是河童吧？」。（40多歲，美容師）

醃小黃瓜茗荷

我個人非常喜愛無與倫比的醃漬品。這裡將介紹小黃瓜和茗荷的清爽組合。
請一定要把這道菜加到各位家裡的常備菜食譜中。

材料（4人份）

小黃瓜 —— 4根
茗荷 —— 2包

A
- 白酒醋 —— 10大匙
- 水 —— 285ml
- 砂糖 —— 2大匙
- 鹽 —— 1大匙
- 大蒜 —— 2個 搗碎
- 紅辣椒 —— 1根
- 生薑 —— ¼塊 切成薄片
- 蒔蘿粉 —— 少許
- 芫荽粉 —— 少許

作法

1. 鍋內放入A混合，開火。沸騰後關火，移放到保存容器等放涼。
2. 小黃瓜放在砧板上，用擀麵棍等敲打，邊撒1大匙鹽（份量外）邊旋轉。靜置1小時再隨意切開。
3. 鍋內放入熱水煮沸，加入鹽（份量外※），快速地汆燙茗荷。放涼後再縱向對切成半。
4. 將2和3浸漬在1內。

※標準狀態是：500ml的熱水使用1大匙的鹽。

醃番茄

最近，經常能見到各種色彩豐富又可愛的番茄。
我將發揮番茄水嫩多汁的特色，做成這次的食譜。

材料（4人份）

小番茄 —— 計20粒

A
- 穀物醋 —— 10大匙
- 砂糖 —— 5大匙
- 鹽 —— 1小匙
- 迷迭香 —— 1枝

作法

1. 小番茄劃出淺切紋，沾熱水後放進冰水中剝除外皮（熱水去皮法。如果執行上有困難，可用牙籤戳出幾個洞）。
2. 鍋內放入A混合，開火。沸騰後立刻關火，再將1放入浸漬。盛放到容器內，就完成了。

醃蕈菇

適合大人品嚐的醃漬品。任何種類的蕈菇都能製作。
請一定要在蕈菇的美味產季時試試。

材料（4人份）

蕈菇 —— 50g
蘑菇 —— 50g
舞茸 —— 50g

A
- 水 —— 3大匙
- 鹽 —— 1小撮

B
- 穀物醋 —— 5大匙
- 砂糖 —— 1大匙
- 大蒜 —— 1片 搗碎
- 紅辣椒 —— 1根
- 鹽 —— ½大匙

黑胡椒（粒）—— 適量

作法

1. 蕈菇、蘑菇、舞茸皆切成容易食用的大小。
2. 鍋內放入1和A，以小火加熱，整體變軟後取出。
3. 鍋內放入B混合，開火。沸騰後立刻關火放涼。
4. 將3以繞圈的方式淋在瀝掉水氣的2上，讓食材入味。盛放到容器內，再依個人喜好撒一些黑胡椒裝飾。

爽口胡蘿蔔拼盤

小酒館沙拉經典中的經典。胡蘿蔔的爽脆口感和柳橙的酸味，令人一吃上癮。

材料（4人份）

胡蘿蔔 —— 1根
柳橙 —— ½個
葡萄乾 —— 1大匙
A
- Morceau香醋（P.4）或個人喜好的調味醬 —— 1大匙（或檸檬汁1大匙）
- 橄欖油 —— 2大匙
- 鹽、胡椒 —— 各少許

洋香菜 —— 適量

作法

1. 胡蘿蔔削皮後切成細絲，取2小撮的鹽撒上去（份量外），讓食材入味變軟。
2. 將柳橙½的量連果肉的薄皮也一併剝除，再大略切一下，剩下的則用手擠出果汁。葡萄乾浸泡在溫水中變軟。
3. 混合A，加入1和2，讓食材入味。盛放到容器內，依個人喜好撒上切碎的洋香菜，就完成了。

糖漬甜椒和橄欖

飄散著普羅旺斯香氣的小菜。大量使用了拌炒後也極美味的甜椒。最合適搭配白葡萄酒一起食用。

材料（4人份）

紅椒、黃椒 —— 各1個
青椒 —— 2個
A
- 黑橄欖（去籽）—— 10個
- 綠橄欖（去籽）—— 10個

B
- 迷迭香 —— 1片
- 白酒醋 —— 1大匙

大蒜〔切成碎末〕—— 少許
橄欖油 —— 40ml
鹽、胡椒 —— 各少許
迷迭香（完成品用）—— 適量

作法

1. 紅椒、黃椒、青椒皆切成細絲。
2. 平底鍋內放入橄欖油（份量外）和大蒜，以小火拌炒。出現微焦色後，加入1，轉為中火，撒些鹽和胡椒，拌炒到變軟為止。
3. 加入B再次煮沸，待酸味飛散後再加入A。均勻混合整體，隨後關火。移放到保存容器內，倒入橄欖油，讓食材入味。
4. 盛放到容器內，依個人喜好裝飾迷迭香，就完成了。

醋漬紅甘藍

小酒館內，經常會將這道醋漬紅甘藍
搭配生麵團或抹醬等肉料理一起端出來。

材料（4人份）

紅甘藍 —— 1/4球
A 紅酒醋 —— 5大匙
A 砂糖 —— 1 1/3大匙
A 鹽 —— 1小匙
橄欖油 —— 50ml
鹽 —— 適量

作法

1. 紅甘藍切成細絲。
2. 鍋內放入A加熱。沸騰後，以繞圈的方式淋在1的紅甘藍上。靜置30分鐘。
3. 紅甘藍變軟後，以繞圈的方式淋上橄欖油，移放到保存容器內。依個人喜好撒上胡椒，就完成了。

醋漬高麗菜

將法國阿爾薩斯料理酸菜什錦燻肉（Choucroute）
做一簡單變化。高麗菜心也能做出相同風味喔。

材料（4人份）

高麗菜 —— 1/4個
A 鹽 —— 1/2大匙
A 砂糖 —— 1 1/3大匙
A 白葡萄酒 —— 1大匙
A 白酒醋 —— 4大匙
B 大蒜 —— 1/2片
B 紅辣椒 —— 2根
B 月桂葉 —— 1片
B 橄欖油 —— 5大匙
義大利荷蘭芹 —— 適量

作法

1. 高麗菜切成細絲後放在篩網上，快速地從上方淋下熱水。
2. 將A放進攪拌盆內混合，再加入1的燙高麗菜。混合整體後靜置30分鐘。
3. 平底鍋內放入B，以小火拌炒。出現香味後，加到2裡放涼。再放進冰箱內靜置一夜。
4. 盛放到容器內，依個人喜好擺放義大利荷蘭芹裝飾，就完成了。

馬鈴薯泥

肉料理的佐醬，眾人熟悉的馬鈴薯泥。是自古以來便已存在的傳統味道。
藉由充分地混合攪拌，做出濃稠口感，會更加美味喔。

材料（容易製作的份量※）

馬鈴薯 —— 400g
A［奶油 —— 50g
牛奶 —— 100ml
鮮奶油 —— 100ml］
鹽 —— 2g

※完成品約500g。

作法

1. 鍋內放入馬鈴薯和充足的水，再加入鹽（份量外※）燉煮。馬鈴薯用竹籤戳一下，如果能順利穿透，就可以放在篩網上冷卻，然後把皮削掉，大略切一下，再用篩網過濾。
2. 鍋內放入A開火，加入1的馬鈴薯充分混合。變得濃稠後便關火，再用鹽調味，就完成了。

※標準狀態是：1L的水使用2大匙的鹽。

Arrange

咖哩焗烤

熱騰騰的咖哩搭配馬鈴薯泥，是口感和風味皆契合的元氣料理。用剩下的材料製作，實在是超級美味！

材料（2人份）

咖哩※ —— 100g
馬鈴薯泥（作法如上述）
—— 200g
麵包粉、切成細絲的起司
—— 各適量
洋香菜 —— 適量

※可手工調製，也可以使用現成的市售品。

作法

1. 將咖哩擺放在馬鈴薯泥上方，撒上麵包粉，再擺放切成細絲的起司。
2. 用250℃的烤箱烘烤至出現微焦色。依個人喜好撒上切碎的洋香菜，就完成了。

蕈菇麵包焗烤

可連同容器一起吃下肚的趣味餐點。白醬的製作稍微耗時費工，可利用水融解的低筋麵粉來調整濃度。

材料（2人份）

全麥小餐包Petit pain —— 2個
洋蔥 —— ½個
蕈菇 —— 50g
蘑菇 —— 50g
舞茸 —— 50g
奶油 —— 15g
牛奶 —— 400ml
高湯塊 —— 1個
A［低筋麵粉 —— 2大匙
　 水 —— 2大匙
切成細絲的起司 —— 適量
西洋水芹菜、洋香菜 —— 各適量

作法

1. 洋蔥、蕈菇、蘑菇、舞茸皆切成容易食用的大小。
2. 鍋內放入奶油，拌炒1。變軟後加入牛奶，變熱冒泡後加入高湯塊稍微煮一下。
3. 將混合好的A一點一點地加進2裡，做出濃稠感。
4. 薄薄地切開全麥小餐包的上方部位，再把中間挖空。在挖空處放入3，然後擺放切成細絲的起司，用預熱至250℃的烤箱烘烤約10分鐘。
5. 盛放到容器內，擺上用烤麵包機烘烤過的小餐包上部。依個人喜好擺放西洋水芹菜，撒上切碎的洋香菜，就完成了。

用湯匙趁熱品嚐的狀態。

義大利番薯乾的麵疙瘩　佐藍紋乳酪醬

一到冬季，就會收到老家寄來大量的美味番薯乾。收到時我所想到的，
就是這道番薯乾麵疙瘩（Gnocchi）。和生的番薯不同，它溫和的甜味會令人一吃就愛上。

材料（4人份）

番薯乾——250g

A
- 高筋麵粉——75g
- 雞蛋——½個的量
- 鹽——少許

藍紋乳酪醬

洋蔥——10g
藍紋乳酪（Blue Cheese）——20g
白葡萄酒——3大匙
鮮奶油——100ml
橄欖油、鹽——各適量

番薯乾（完成品用）——適量

作法

1. 鍋內放入番薯乾，再加入大量的水，燉煮到變軟為止。
2. 取出1的番薯乾，用菜刀敲打成泥狀，和A混合。
3. 擀成直徑約3cm的棒狀，再切成1cm寬。用手搓揉成圓形，再用叉子的背部刮出紋路。
4. 鍋內的熱水煮沸後放入3，將已浮起的先行取出。撒些橄欖油（份量外），避免3彼此相黏。
5. 製作藍紋乳酪醬。鍋內加熱橄欖油，拌炒洋蔥。變軟後加點白葡萄酒，再次煮沸，讓酒精飛散。加入藍紋乳酪和鮮奶油，煮到融解，再用鹽調味。
6. 將4、5的醬料裝進耐熱容器內。依個人喜好，擺放切成容易食用的大小的番薯乾裝飾。再以250℃的烤箱烘烤約10分鐘，就完成了。

在麵疙瘩的表面上刮出幾條紋路，能夠更容易入味。

水果番茄的冷製義大利麵

這種義大利麵看起來十分簡單，卻是鹽量增減及水煮時間調整頗具難度的料理。
因此，使用帆立貝罐頭增加甜味，使用芥末補上酸味，讓完成品呈現出均衡美味。

材料（2人份）

義大利麵（天使髮絲細麵 Capellini）—— 100g
水果番茄 —— 4個
A 橄欖油 —— 3大匙
A 大蒜〔切成碎末〕—— 1小匙
帆立貝罐頭 —— 1/6罐
羅勒 —— 4片
B 檸檬汁 —— 少許
B 芥末粒 —— 少許
鹽 —— 適量
茴香芹 —— 適量

作法

1. 帆立貝罐頭的干貝肉弄散（醃漬汁也先留著備用）。羅勒用手撕細碎。
2. 水果番茄去除內籽再大略切一下，然後放進攪拌盆內。
3. 平底鍋內放入A，以小火慢慢拌炒。稍微變色後，以繞圈的方式加到2的攪拌盆內。將1的帆立貝、醃漬汁、羅勒、B一起加進去。
4. 鍋內放入充足的熱水煮沸，加鹽（份量外※），煮熟義大利麵。煮的時間要比外包裝標示的時間多出約30秒，再用有冰塊漂浮的鹽水（份量外※）冷卻。
5. 將4的義大利麵的水分充分瀝乾，放進3內，再用鹽調味。盛放到容器內，依個人喜好擺放茴香芹裝飾，就完成了。

※標準狀態是：1L的水使用1/2大匙的鹽。

Guest Comment

我真心認為，「這個世界上和半熟蛋最契合的莫過於這道蔬菜雜燴了吧。」。能有幸認識這道料理，實在太幸福了。（30多歲，健身教練）

蔬菜雜燴與半熟蛋

這道料理是夏季時期本店一定會推出，而且吃幾次都不會吃膩的餐點。
和滑嫩濃郁的半熟蛋搭配的黃金組合，請一定要一起品嚐。

材料（2人份）

- 番茄 — 3個
- 洋蔥 — ½個
- 黃椒 — 1個
- 茄子 — 3根
- 櫛瓜 — 1根
- A 大蒜 — 1片
- A 紅辣椒 — 1根
- 百里香 — 1根
- 羅勒（乾燥的）— 少許
- 雞蛋 — 2個
- 高湯（P.6）— 300ml
- 橄欖油、鹽、芝麻菜 — 各適量

作法

1. 番茄大略切一下。洋蔥、黃椒、茄子、櫛瓜切成一口的大小。
2. 鍋內倒入多一點橄欖油，放入A，以小火拌炒。開始變色後加入洋蔥，以中火拌炒到變軟。
3. 加入番茄、百里香、羅勒，輕輕撒鹽，再加入高湯。以小火燉煮到只剩½的量為止。
4. 在平底鍋內加熱橄欖油，拌炒黃椒、茄子、櫛瓜，輕輕撒鹽。
5. 將4加進3裡，以小火燉煮約15分鐘。
6. 在另一個鍋子裡放入充足的熱水煮沸，加醋（份量外※）。攪動熱水做出漩渦，放入已敲開並暫放在容器內的雞蛋（從水面的上方、雞蛋3倍的高度）。煮2～3分鐘便輕輕撈起。
7. 用鹽為5調味，盛放到容器內。擺放6，再放上芝麻菜裝飾，就完成了。

※標準狀態是：1L的熱水使用3大匙的醋。

燉青椒的番茄甜椒炒蛋　佐生火腿

法國巴斯克（Basque）地區的鄉土料理番茄甜椒炒蛋（Piperade）。
裡面有微辣口感的燉甜椒。也可依個人喜好放入香草或和火腿一起燉煮。

材料（4人份）

紅椒、黃椒——各2個
洋蔥——100g
番茄——400g
A 大蒜（切成碎末）——20g
A 紅辣椒——3根
A 橄欖油——3大匙
高湯（P.6）——200ml
鹽、生火腿——各適量
義大利荷蘭芹——適量

作法

1. 紅椒、黃椒切成細絲。洋蔥切成薄片。番茄要劃出淺淺的切紋，沾熱水再放進冷水中剝皮（熱水去皮法），然後大略切一下。
2. 在平底鍋內放入A，以小火拌炒。出現香味後加入洋蔥並轉為中火，仔細拌炒到變軟為止。
3. 加入紅椒、黃椒，變軟後再加入番茄，然後倒入高湯，燉煮到只剩1/2的量為止。之後用鹽調味。
4. 盛放到容器內，擺上生火腿。依個人喜好擺放義大利荷蘭芹裝飾，就完成了。

法式烤番茄鑲肉Tomate farcie　扁豆沙拉

扁豆是奧弗涅（Auvergne）地區的知名產品。是一種帶有香氣、咬下便會散發出甘甜味的美味豆類。
它不須泡水還原，可以直接用來烹調，非常方便。如果在大型超市或進口食材店看見扁豆，請一定要買來試試。

材料（4人份）

水果番茄——8個
扁豆（乾燥）——200g
高湯（P.6）——500ml
月桂葉——1片
番茄——1個
火蔥——1個（或洋蔥1/4個）
鮪魚——1大匙
Morceau香醋（P.4）或個人喜好的調味醬、鹽、胡椒、茴香芹——各適量

作法

1. 鍋內放入輕輕水洗過的扁豆、高湯、月桂葉，用中火燉煮約20分鐘（可以燉煮到濃稠柔軟的狀態，也可以保留些許口感）。用鹽和胡椒調味後放涼。
2. 番茄、火蔥切成約5mm的塊狀並放進攪拌盆內。加入1的扁豆、鮪魚混合，再加入調味醬調和。用鹽和胡椒調味。
3. 將水果番茄的上方部位（蒂頭和其周圍）薄薄切開，然後把中間挖空。在挖空處塞入2，然後放上有蒂頭的上部，擺放茴香芹裝飾，就完成了。

法蘭德斯風味蘆筍

白蘆筍是宣告法國的春天已經來到的代表食材。雖然青蘆筍也相當美味，但白蘆筍的香氣及甘甜，以及微弱的苦味，更是與雞蛋和起司口味契合。

材料（2人份）

蘆筍、白蘆筍 —— 計6根
白煮蛋 —— 1個
A
- 奶油 —— 50g
- 鹽、胡椒 —— 各少許
- 肉豆蔻粉 —— 少許
- 洋香菜（切成碎末）—— 1大匙

帕馬森乾酪（或起司粉）—— 少許
西洋水芹菜等嫩芽籽苗、橄欖油 —— 各適量

作法

1. 蘆筍、白蘆筍薄薄削掉一層皮，切掉根部（皮也削掉備用）。
2. 鍋內放入充足的熱水煮沸，加鹽（份量外※）和1的皮，將1的蘆筍和白蘆筍燉煮至變軟。
3. 白煮蛋盡量切到細碎，和A混合。
4. 將2的蘆筍、白蘆筍盛放到容器內，淋上3，從上方撒下帕馬森乾酪（或起司粉）。依個人喜好擺放嫩芽籽苗裝飾，再淋上橄欖油，就完成了。

※標準狀態是：1L的熱水使用2大匙的鹽。

鯷魚馬鈴薯

鯷魚的美味再加上馬鈴薯，堪稱無敵！
混合奶油和鯷魚，再擺放到熱騰騰的馬鈴薯上。

材料（2人份）

馬鈴薯—— 2個
鯷魚（魚片）—— 2片
大蒜 切成碎末 —— ½小匙
橄欖油—— 計2大匙
胡椒—— 少許
鹽—— 適量
百里香—— 適量

作法

1. 鍋內放入馬鈴薯和充足的水，加鹽（份量外※）燉煮。馬鈴薯用竹籤戳一下，如果能順利穿透，就可以放在篩網上冷卻（也可以用微波爐加熱變軟）。依個人喜好削掉外皮，再大略切一下。
2. 用平底鍋加熱1大匙橄欖油，以大火拌炒馬鈴薯。表面出現微微的薄焦色後再放入1大匙橄欖油，加入大蒜和鯷魚，充分拌炒到整體入味。撒胡椒，再用鹽調味。盛放到容器內，依個人喜好擺放百里香裝飾，就完成了。

※標準狀態是：1L的水使用2大匙的鹽。

炸馬鈴薯佐生火腿

生火腿的油脂逐漸融化到熱騰騰的馬鈴薯上。香味四溢，真的非常美味。
特別是新馬鈴薯的季節，千萬別錯過這道美味。

材料（4人份）

馬鈴薯—— 4個
生火腿—— 6片
炸油、鹽
—— 各適量

作法

1. 用保鮮膜包裹馬鈴薯，再用微波爐加熱5～6分鐘。然後切成容易食用的大小。
2. 用180℃的熱油將馬鈴薯炸到酥脆。
3. 盛放到容器內，輕輕撒鹽，趁熱擺上生火腿，就完成了。

法式奶油布蕾

奶油布蕾是本店開幕至今最受歡迎的甜點。
萊姆酒散發淡雅香氣，口感則是香濃奶香。

材料（70ml的耐熱容器5個的量）

鮮奶油——400ml
牛奶——100ml
香草莢——½根
A［蛋黃——5個的量
A［砂糖——37g
萊姆酒（如果有的話）——8ml
紅砂糖（沒有時，可用黑糖代替）——適量

作法

1. 將A放進攪拌盆，用打蛋器充分混合攪拌至偏白色。
2. 將香草莢、鮮奶油、牛奶放進鍋內開火（調整火勢，避免沸騰）。
3. 將溫熱的2一點一點地加進1的攪拌盆內混合。加入萊姆酒。分裝到耐熱容器裡。
4. 放在深一點的烤盤（或較大的耐熱容器）上，將熱水注入到烤盤內。用150℃的烤箱隔水烘烤約20～25分鐘。
5. 放涼後，放進冰箱冷卻凝固。在表面放入薄薄一層紅糖，用噴火槍烘烤（或放進烤魚用的烤盤內烘烤約60秒），就完成了。

Guest Comment

表面焦脆，中間濃醇。用湯匙弄破表層的焦糖，有破顏一笑之感。我這輩子都要與這種布蕾為伍！（40多歲，平面設計師）

紅茶布丁

這個布丁的紅茶茶葉，無論是用大吉嶺紅茶還是伯爵紅茶，都能做得非常美味，
但是我自己偏好簡樸的錫蘭紅茶。它和椰子甜點的味道很契合喔！

材料（100ml的耐熱容器5個的量）

紅茶茶葉 — 6g
鮮奶油 — 450ml
牛奶 — 150ml

A
- 蛋黃 — 4個的量
- 砂糖 — 75g

鮮奶油、焦糖醬※（或楓糖糖漿）、肉桂粉 — 各適量

※自行製作時，可採用烤整顆蘋果（P.85）的食譜，參照P.85的作法2。

作法

1. 將A放進攪拌盆，用打蛋器充分混合攪拌至偏白色。
2. 將鮮奶油、牛奶放進鍋內開火。沸騰後加入紅茶茶葉，關火。用耐熱鏟攪拌約1分鐘，香味出來後直接將保鮮膜包在鍋子上，靜置在溫熱的場所約10分鐘。
3. 用濾茶器一邊過濾2，一邊一點一點地加到1的攪拌盆內混合。然後分裝到耐熱容器裡。
4. 放在深一點的烤盤（或較大的耐熱容器）上，將熱水注入到烤盤內。用150℃的烤箱隔水烘烤約15～20分鐘。
5. 放涼後，放進冰箱冷卻凝固。在表面擺放打至六分發的鮮奶油，淋上焦糖醬，再撒一些肉桂粉，就完成了。

椰子奶酪

柔軟滑順，在口中溶化的奶酪。吉利丁的份量多寡會影響整體的硬度。
醬料可使用切碎的莓果果實製作，也可使用其他的當季水果。

材料（80ml的容器4個的量）

A
- 鮮奶油 — 360ml
- 牛奶 — 160ml
- 椰子粉 — 30g
- 砂糖 — 35g

片狀凝膠（吉利丁片）— 6g 用冰水浸泡
椰子利口酒（馬利寶萊姆酒（Malibu Rum））— 20ml
藍莓或草莓等莓果類、砂糖、檸檬汁、薄荷 — 各適量

作法

1. 將A放進鍋裡，開火輕輕加溫（理想溫度為70℃）。
2. 關火稍微放涼（理想溫度為50～60℃），加入片狀凝膠（吉利丁片）溶解。
3. 鍋底接觸冰水，待剛起鍋的熱氣散去後，加入椰子利口酒。分裝到容器內，再放進冰箱冷卻凝固。
4. 莓果中如果有體積偏大的，就切成一口的大小。然後將莓果、莓果總量約1/3重的砂糖放進鍋裡，輕倒一些檸檬汁，燉煮至濃稠為止（如果出現浮渣，須舀出浮渣）。放涼後，淋在盛放到容器內的3上並裝飾薄荷，就完成了。

抹茶慕斯

這道甜點，是瘋狂熱愛抹茶的我為本店設計的慕斯。
大量採用日式的和風口味，超越法式的範疇，完成了這道甜點。

Guest Comment
充分展現出抹茶風味，讓喜愛抹茶的我非常滿意。該不會連放在一旁的冰都是抹茶風味的吧？（50多歲，主婦）

※本店除了會在慕斯旁邊擺放紅豆泥之外，還會添上抹茶冰和煉乳。

材料（500ml的耐熱容器1個的量）

鮮奶油 —— 200ml
牛奶 —— 150g
A 蛋黃 —— 2個的量
A 砂糖 —— 60g
片狀凝膠（吉利丁片）—— 10g 用冰水浸泡
抹茶粉12g
紅豆泥 —— 適量

作法

1. 鮮奶油打至七分發泡，放進冰箱備用。
2. 將A放進攪拌盆，用打蛋器充分混合攪拌至偏白色。
3. 將牛奶放進鍋內，開火輕輕加溫。關火後稍微放涼（理想溫度為50～60℃），加入片狀凝膠（吉利丁片）和抹茶粉。
4. 將3分三次加到2的攪拌盆內，每次倒入時都要攪拌混合。1也加入進去混合，再裝進容器裡。
5. 放進冰箱冷卻凝固。盛放到容器內，添上紅豆泥，就完成了。

安茹白乳酪蛋糕※

原本是指在Fromage Blanc（白起司）這種鮮奶酪內，
再加入鮮奶油和蛋白做成的甜點，但也能以凝縮優格的美味模仿出來。

※安茹白乳酪蛋糕：（Crème d'Anjou）。

材料（4人份）

奶油乳酪 —— 100g
糖粉 —— 50g
優格（無糖）—— 100g
鮮奶油 —— 100g
薄荷 —— 適量

作法

1. 奶油乳酪放回至常溫，放進攪拌盆，用橡皮刮刀攪拌至柔軟滑順為止。加入糖粉，徹底混合攪拌，再一點一點地加入優格，用打蛋器充分混合至沒有結塊為止。
2. 將鮮奶油放進另一個攪拌盆，打至七分發泡。
3. 將2加到1裡，充分混合。
4. 將篩網放在攪拌盆上，上面再鋪放漂白布（沒有時，可用厚的廚房紙巾代替）。然後從上方倒入3，放進冰箱靜置2～3小時。
5. 盛放到容器內，裝飾薄荷，就完成了。

烤整顆蘋果

溫熱的蘋果和略苦的焦糖蛋奶非常搭配！
冬季時，甚至有客人會專程來店裡品嚐這道甜點呢。

材料（容易製作的份量）

蘋果 —— 2個
A［砂糖 —— 100g
　 水 —— 10g］
固定顏色用 —— 15ml
蛋奶餡（Crème pâtissière）（P.6）—— 200ml
香草冰淇淋、肉桂粉 —— 各適量

作法

1. 準備蛋奶餡。
2. 鍋內放入A開火，變為焦糖色後關火，加入固定顏色用的水。
3. 將2加到1裡，充分混合後放涼。
4. 將蘋果的上方部位水平切開（作為蓋子）。中間挖空（參照左圖），再將3塞在裡面後放上蓋子。
5. 用280℃的烤箱烘烤約30分鐘，至蘋果的周圍都稍微變軟為止。
6. 盛放到容器內，擺放香草冰淇淋再撒些肉桂粉，就完成了。

果肉先用硬湯匙挖出來，然後將挖出來的果肉切成塊狀，混合到焦糖蛋奶裡，這樣也非常好吃。

香蕉戚風蛋糕

這是我最喜歡的老師教我製作的戚風蛋糕。鬆軟飽滿，多大塊都吃得完。須控制甜度，避免太甜。

材料（直徑22cm的戚風模具1個的量）

香蕉 —— 1根
A［蛋黃 —— 4個的量
　 砂糖 —— 65g］
B［蛋白 —— 6個的量
　 砂糖 —— 65g］
C［高筋麵粉 —— 140g
　 發酵粉 —— 2小匙］
沙拉油 —— 50g
水 —— 50ml
鮮奶油、香蕉（完成品用）—— 各適量

作法

1. 香蕉用叉子的背部搗碎。
2. 將A放進攪拌盆，用打蛋器充分混合攪拌至偏白色。加入1混合。
3. 將混合好已過篩的C加入到2裡攪拌，並將沙拉油和水也加進去。
4. 將B的蛋白放進另一個攪拌盆，用手握式電動攪拌器徹底打發。待整體變白且變得鬆軟後，將B的砂糖分三次加進去，每次放入時都要打發。打發至能夠立起的硬度後，分三次加進3內，且每次都要用橡皮刮刀大略攪拌。
5. 倒進模具裡，用170℃的烤箱烘烤約40分鐘。用竹籤戳進去再拔出時，如果竹籤上沒有附著麵糊，就代表烘烤完成。連同模具一起翻過來放涼。
6. 切成容易食用的大小，盛放到容器內。依個人喜好添上打至六分發泡的鮮奶油以及切成圓片的香蕉裝飾，就完成了。

草莓果子塔

在家裡製作會比較費工耗時，但其華麗感卻是排名第一。這次會將蛋奶餡和草莓擺放在上面，不過，直接放上香蕉或西洋梨再連同杏仁奶油餡一起烘烤也非常美味喔。

材料（11×35cm的果子塔模具1.5個的量。或直徑18cm的果子塔模具2個的量）

果子塔麵糊
- 奶油 — 125g 放回至常溫
- 砂糖 — 125g
- 雞蛋 — 1個
- 低筋麵粉 — 250g
- 牛奶 — 25g

法式杏仁奶油餡（Crême d'amande）
- 奶油 — 125g 放回至常溫
- 砂糖 — 125g
- 雞蛋 — 2個
- 低筋麵粉 — 31g
- 杏仁粉 — 125g
- 萊姆酒 — 15ml

奶油（模具用）、防黏手麵粉用的粉、蛋奶餡（Crème pâtissière）（P.6）、草莓、草莓果醬、藍莓、薄荷 — 各適量

作法

1. 製作果子塔。將奶油、砂糖放進攪拌盆，用打蛋器充分混合攪拌至偏白色。一點一點地加入蛋液，充分攪拌。將低筋麵粉過篩後放入混合，再加入牛奶混合。用保鮮膜包裹平坦，靜置在冰箱內備用。
2. 製作法式杏仁奶油餡。將奶油、砂糖放進攪拌盆，用打蛋器充分混合攪拌至偏白色。一點一點地加入蛋液，充分攪拌。將低筋麵粉過篩後放入混合，再加入杏仁粉混合。然後加入萊姆酒混合，再用保鮮膜包裹，靜置在冰箱內2小時。
3. 在模具內側薄薄地塗上一層奶油。
4. 將1的果子塔麵糊放在撒了防黏手麵粉的台子上，用擀麵棍延展，塞在3的模具內。再用叉子戳幾個洞。
5. 將2的杏仁奶油餡放進4內（以不高於模具½的高度為標準。沒有全部用完也沒關係※）。用160℃的烤箱烘烤約20～30分鐘。
6. 烤好的果子塔冷卻後，塗上蛋奶餡，再擺放塗了草莓果醬的草莓，然後放上藍莓和薄荷裝飾，就完成了。

※剩餘的杏仁奶油餡，可以薄薄地塗在麵包上再加以烘烤，也會非常美味。

果子塔麵糊內放入杏仁奶油餡烘烤出爐的狀態。

後記

我的料理出發點是「各位的笑臉」。
這是我永遠不會背離的中心思想。

讓品嚐料理的各位展露笑顏。
說起來容易，實際做起來卻相當困難。

然而，如果是放了愛的料理、精心製作的料理、
腦海中想著對方欣喜品嚐的容顏而挑選的料理。

身邊的各位也一定會開心才是。
自然連表情也緩和了下來，會露出一張張溫和的笑臉吧。

我進入料理世界的機緣，正是因為看見了我的丈夫品嚐著我笨拙手藝做出的料理，卻鼓著雙頰大讚「真好吃，真好吃！」的那張笑臉。

在這世界上，沒有能夠勝過「愛」的調味料。

我總是以想著家人的心情站在店裡製作料理，
希望這一份份愛的料理，
同樣可以帶給顧客滿滿的笑容。

藉著本書的出版，
向長久以來關心、支持我的親友們，
以及重要的Morceau顧客們，獻上我由衷的敬意與感謝。

秋元 櫻　Akimoto Sakura

PROFILE

秋元 櫻 (Akimoto Sakura)

1980年出生於福井縣。大學畢業後，曾在知名航空公司任職，隨後進入調理師學校就讀。在東京新宿的「MONDE-CAFE」學習、累積經驗，後師事於白金的「AU GAMIN DE TOKIO」的木下威征氏，爾後獨立。2009年，與身為侍酒師的丈夫一同在目黑開設法式家庭料理餐廳「Morceau」。溫和風味和體己服務深獲好評，成為時時客滿的人氣名店。多次因電視拍攝或介紹而在電視上出現，亦有雜誌刊載採訪介紹。

http:// morceau.pinoko.jp/

TITLE

主廚法式料理在家做！

STAFF

出版　瑞昇文化事業股份有限公司
作者　秋元 櫻
譯者　張華英

總編輯　郭湘齡
責任編輯　黃思婷
文字編輯　黃美玉
美術編輯　謝彥如
排版　二次方數位設計
製版　大亞彩色印刷製版股份有限公司
印刷　皇甫彩藝印刷股份有限公司
法律顧問　經兆國際法律事務所　黃沛聲律師

戶名　瑞昇文化事業股份有限公司
劃撥帳號　19598343
地址　新北市中和區景平路464巷2弄1-4號
電話　(02)2945-3191
傳真　(02)2945-3190
網址　www.rising-books.com.tw
Mail　resing@ms34.hinet.net

初版日期　2015年5月
定價　300元

ORIGINAL JAPANESE EDITION STAFF

攝影　権藤和也
烹飪助理　井城合沙（Morceau）
製作助理　秋元史彦（Morceau）
設計　大悟法淳一、永瀨優子、酒井美穗（GOBO DESIGN OFFICE）
原書編輯　田上理香子（SB Creative Corp.）

國家圖書館出版品預行編目資料

主廚法式料理在家做! / 秋元櫻作 ; 張華英譯.
-- 初版. -- 新北市 : 瑞昇文化, 2015.06
88　面 ; 25.7 X 18.2　公分

ISBN 978-986-401-024-0(平裝)

1.食譜 2.烹飪 3.法國

427.12　　104006852